吹响

现代农业发展的号角

石家庄市藁城区农业致富典型模式汇编

◎ 吴立谦　李翠霞　主编

U0348179

中国农业科学技术出版社

图书在版编目（CIP）数据

吹响现代农业发展的号角：石家庄市藁城区农业致富典型、模式汇编/吴立谦，李翠霞主编.—北京：中国农业科学技术出版社，2018.1

ISBN 978-7-5116-3420-7

Ⅰ.①吹… Ⅱ.①吴… ②李… Ⅲ.①农民致富－经验－石家庄 Ⅳ.① F327.224

中国版本图书馆 CIP 数据核字 (2017) 第 321052 号

责任编辑　徐　毅
责任校对　贾海霞

出 版 者　中国农业科学技术出版社
　　　　　北京市中关村南大街 12 号　邮编：100081
电　　话　（010）82109705（编辑室）（010）82109702（发行部）
　　　　　（010）82109709（读者服务部）
传　　真　（010）82106625
网　　址　http://www.castp.cn
经 销 者　各地新华书店
印 刷 者　北京富泰印刷有限责任公司
开　　本　710mm×1 000mm　1/16
印　　张　14.5
字　　数　270 千字
版　　次　2018 年 1 月第 1 版　2018 年 1 月第 1 次印刷
定　　价　72.00 元

《吹响现代农业发展的号角》

——石家庄市藁城区农业致富典型、模式汇编

编委会

名誉主任	底光辉
主　　任	谷文平
副 主 任	李兰功　樊俊社　张贵平　路军华　高良琛
主　　编	吴立谦　李翠霞
副 主 编	高丽惠　郭立勇
参编人员	李翠霞　高丽惠　李军伟　樊雅静　武　净
	赵　钰　李雪华　付晓阳　张建岗　马书昌
	路贵华　赫素平　李泽芳　任红晓　王秀琴
	王成龙　李佳珈　宋振平　郭立勇　张学哲
	郭　佳　李建波　王　贺　邢凤丽
特邀编辑	韩风杰

前　言

　　目前,我国正处于传统农业向现代农业转型升级的新阶段,农业连年丰收,农产品市场供应丰富,过去长期困扰我们的农产品短缺问题得到了基本解决,但农产品总体质量不高,经济效益偏低,结构性矛盾突出,农业生产正面临农产品价格"天花板"压顶和生产成本"地板"抬升的双重挤压,普通大综农产品价格低迷,销售不畅,农民持续增收乏力,因此,根据市场需求和资源优势,对农业供给侧进行结构性调整,成为新阶段下现代农业发展和农民增收致富的必由之路。

　　为了更好地调整优化种养结构,挖掘种养业增收致富的典型,充分发挥示范带动作用,我们对近年来藁城区通过调整优化种养结构增收致富的典型经验以及专业技术人员和农民在生产实践中探索总结的高产高效种植模式进行了梳理汇总,选择了一部分具有一定代表性、示范性、可推广性的致富典型和高效模式,汇集出版了《吹响现代农业发展的号角》一书。本书内容涵盖了种植业、畜牧业、林果业、都市休闲农业等方面,包括了农户、家庭农场、合作社、农业企业、农业园区等新型经营主体,旨在通过农民身边致富典型的成功经验和高产高效种养模式,为农民开阔思路,增收致富起到抛砖引玉的指导作用。

　　农业供给侧结构性改革是新的历史条件下一项长期而艰巨的任务,是随着市场消费需求变化而不断变化的,是农业由粗放经营向集约经营转变的过程,是农村经济新体制建立和完善的过程。典型经验和模式可以借鉴,可以从典型中寻求启发和获得灵感,但不能机械照搬。一切要从实际出发,充分尊重农民生产自主权和经营决策权,发挥农民的主观能动性和创造性,积极探索符合自身特色的致富之路。

　　由于编者水平有限,书中疏漏之处在所难免,敬请读者批评指正。

编　者

2017 年 10 月

目录 Contents

第二篇｜石家庄市藁城区农业种植技术模式

第一篇
石家庄市藁城区农业致富典型

奏响田园之歌

——记石家庄市军姐田园董事长王爱军

军姐田园—石家庄市郊又一道亮丽的风景线。在这里，一年四季可以看到佳木葱茏，可以闻到瓜果飘香；节假日里，车辆络绎不绝，游人川流不息；宽敞的大厅里，不时传出欢快的婚礼进行曲；游乐场里在尽情地嬉闹。亲朋聚会，在这里得以享受美味佳肴；驴友观光，可以在这里休息留宿。朝霞初染，园艺工人已开始劳作；夕阳晚照，垂钓的人仍不忍离去。这里，是美丽的田园，也是幸福的乐园。

然而，就在几年之前，这里还一片凄凉。这里原是一个占地120亩（1亩≈666.7平方米，下同）的采摘园，已经一年多没有人打理，园内满目荒芜。很多温室大棚已经坍塌，果树枯萎，败叶满地，挂在残垣断壁或棚杆上的塑料薄膜随风飘着。杂草丛生，一片沉寂。因为原经营者欠下债务，以这片采摘园抵给了王爱军。2015年年初秋，王爱军和丈夫来到这里，这样的光景使他们看在眼里，痛在心里。

军姐田园董事长王爱军

军姐田园 民间表演

　　王爱军，在事业上算得上是一个成功者。1968 年，王爱军出生在藁城县梅花镇西庄村，因为父亲在井陉矿区工作，她很小就转成了非农业户口。上初中的时候，因为聪慧貌美被县评剧团选为演员，只是没有掌握好练声的技巧，喊坏了嗓子，舞台上就少了一个美艳的青衣身影。后来，她到藁城五交化公司上班，收入不菲。再后来，她自己开五交化门市，年收入能有 10 万多元，成为当时的佼佼者。20 世纪末，她走进新的经商领域，给高速公路送燃油，并与丈夫张宇雷一起承包高速公路的地基工程，便有了可观的收入，不仅有了高档车，还在石家庄买了房子，开办了以销售水产品为主的公司。

　　王爱军是个执著能干从不服输的女人，她有着自己浪漫的追求与向往，她没有当过农民，也从来没有想过当农民。可现在 120 亩土地摆在自己面前，怎么办？她经过反复的思想斗争，决定和丈夫一起在这里再次创业，靠自己的智慧和双手，在这里开辟一个新天地。于是，她和丈夫一起开始找人收拾那个破烂不堪的园子，并与当地的农民一起谋划种植，在几个温室大棚撒下了一些蔬菜的种子。他们播种的是一种新的希望，可是这次并没有得到理想的收获，那些蔬菜，要么没有出土，要么出苗不全，要么收成甚微。

这是他们多年以来从未遇到过的挫折，但从不服输的他们并没有灰心，他要继续温室大棚的经营。这已经是2016年的春天了。有人知道他们出师未捷的情况，建议他们到藁城区农业局去一趟，以获得技术支持。夫妻二人一同去了，农业局副局长李兰功热情地接待了他们，给他们讲了农业的重要性，讲了菜篮子工程的重要性，讲了那块土地的地理优势及田园建设的光辉前景，也讲到了前国务院总理温家宝曾经来这里视察的情景。王爱军受到了极大鼓舞，因为李兰功还讲了一句戳心窝子的话："你是咱们藁城人，不能忘了家乡，应该为家乡做些事情，做点儿贡献。"夫妻二人听

得心血激荡，"是呀，自己虽然富裕了，但还应该想着让更多的人富裕，要为家乡的父老做点事情才行。"李兰功还说，农业局会全力支持你们办好田园，遇到什么困难可以随时来找，并当即给联系了一位农业技术人员。他们走的时候，李兰功特意送到楼下，再三叮嘱他们一定要把田园建设好。王爱军心里充满了感动、感激，因而也更加坚定了建设好这块田园的信心。

王爱军离开了石家庄那个装修高档、敞亮舒适的家，住进了采摘园低矮的平房。她勉励着自己，开始对采摘园做总体而长远的谋划。她要把采摘园的内容丰富起来，一步步往前走，逐步达到采摘、娱乐、休闲、观光、

军姐田园 商品展

军姐田园 大冬瓜

餐饮一体化。

　　他们克服了种种困难，筹资800多万元，开始了园子的整修、建设、改造、升级。他们首先建了一个美观、大气且颇具新意的大门。建大门时，王爱军出点子说："大门那里修一个大大的菜篮子，彩色的，装满瓜果。"她是要让自己每天想到农民的菜篮子，而且是安全的菜篮子。自己呢，要用心经营菜篮子！接下来，路面、展厅、办公室、自来水管网、停车场、演艺舞台、婚宴餐饮大厅、童乐园、垂钓园、禽畜养殖园、民俗小屋等设施一应俱全，一气呵成。

　　最值得称道的是，改建了温室大棚，不断试验创新，引进了外地甚至我国台湾的果树、蔬菜品种。如今，有的已经挂果，有的即将挂果；有的已经完成实验栽培，有的已经开始大面积推广栽培。其中，葡萄、桃、杏、樱桃、火龙果、番石榴、柠檬、香蕉、木瓜、莲雾等水果深受人们的喜爱，景观草莓、景观立柱式苹果丰富了人们的生活。春天里可以赏花，冬天里可以吃果。至于多样的蔬菜，也已经走向市场，销售人员几乎每天都在忙碌着，把新鲜的蔬菜送到客户的家中。最近引进的芽菜设备，也已投入使用，可以生产绿豆、黄豆、小麦等芽菜。细心的王爱军发现，孩子们玩耍时丢弃的决明子在土里发芽了，她便让工人做决明子芽菜试验，竟然成功了！

如此一种益肝明目的好菜，不久可以成为人们餐桌上的所爱了。还有，冬日里大棚温室内的果树下种蘑菇，也是这里的一道亮丽风景，诱人驻足观赏，也会带来颇丰的经济收入。

热情出智慧、出激情、出干劲。王爱军有了经营田园的满腔热情，做了很多亲力亲为的事情，她的聪明才智在这里又一次得以展现，她的心血和汗水浇灌的是希望的田野。她喜欢挑战，更追求尽善尽美。人们经常喊她"军姐"，她是这块田园的主人，更是这里的"统帅"，"军姐田园"也因此而得名。

军姐田园以崭新的姿态面世，它既给人们的生活带来美的享受，也为当地的农民和外来务工人员创造了就业机会。目前，园内工作人员达60余人。

王爱军已经深深爱上了这片土地，她充满了自信，也充满了希望。她正在这里编织着致富梦，也正在这里谱写着自己人生的新篇章。

富硒地上的致富带头人

——记藁城区惜康科技有限公司董事长李智勇

李智勇，马庄村人，藁城区南营镇马庄村惜康科技农业有限公司经理，他是一位普普通通的农家汉子，他用智慧和汗水谱写了一曲勤劳致富的创业歌。

马庄村地理环境优越，是当地天然的富硒带，这里土地种植出的粮食和蔬菜硒含量丰富。李智勇靠着自己勤劳的双手和对市场敏锐的洞察力将生产出来的富硒产品远销到北京、天津、深圳、厦门等大中城市，带动了当地300多户农民走上了致富路。

1992年，李智勇从张家口农业专科学校毕业后，利用自己在学校学到的知识与技术，创办了旭业饲料加工厂。在经营饲料厂的10年里，他一直和农业打交道，由于生产环节单一，抵抗市场风险能力较弱，饲料厂10年间经历了风风雨雨，他一直在想着改行。2013年，他凭借着自己对国家农业政策的了解，积极响应国家号召，决定改行搞种植业。先期在马庄村流转500亩土地种植玉米、小麦。沐浴着党和国家政策的春风，李智勇

惜康科技有限公司经理李智勇

2017 年获全国劳动模范，受到了习近平总书记、李克强总理、汪洋副总理的亲切接见

的种粮收益明显提升。为了获得更多的种粮收益，他参加了区里组织的新型农民职业培训。在这里，他获得了更多的种植技术和市场信息，凭借着自己对市场敏锐的观察和嗅觉，李智勇又找到了一条发财致富的道路。

随着经济发展水平的逐渐提高，人们越来越注重健康饮食。李智勇审时度势，决心在现有土地基础上，扩大种植面积，转型种植营养价值高、经济效益较好的经济作物——谷子。信心满满的李智勇把自己的想法跟家人沟通后，换来的却是全票反对。但是他相信自己的判断，毅然决然的坚持了下来。种粮容易，卖粮难。2014 年，在谷子收购行情一片大好的形势下，本以为能卖个好价钱的李智勇，却由于本地谷子出米率低的原因找不到收购商，这让他的心情一下子跌到了谷

底。眼看这 500 多亩地的谷子卖不出去，他便拓展思路，决定由卖谷子改为卖小米。然而，由于没有品牌和知名度，小米也没有卖出多少，他再次陷入困境。为了得到市场的认可，他说服家人，全家人一齐出动，深入到石家庄市区各个生活小区门口，大力推广富硒品牌，实行免费试吃、免费赠送。就这样，500 多亩谷子生产出的小米全部免费送出。

功夫不负有心人。这次免费赠送给心灰意冷的李智勇带来了新的商机。

2014 年年底，正在犹豫来年种啥的李智勇陆续接到很多市民要买米的电话，打电话的客户都反映他的小米口感好。看到新希望的李智勇，2015 年将谷子种植面积扩大到 6 000 亩，并组织业务人员到北京、天津、重庆等大城

石家庄市藁城区农业致富典型

市进行市场拓展，不到年底，所产小米就全部卖光了，且供不应求。

2016 年年初，南方的一个电子平台与李智勇签订了 34 万千克的富硒小米收购订单。有了市场需求，李智勇又一次扩大谷子的种植面积，并与周边村庄 300 多农户签订了 12 000 多亩谷子回收合同。为了保护农户的利益，李智勇对协议农户实行价格保护，协议保护价格为 3 元 / 千克，收购谷子时，如果市场价格高于 3 元 / 千克，那就在此基础上再加 0.2 元 / 千克收购；如果市场收购价格低于 3 元 / 千克，那就按 3 元 / 千克的保护价收购，总而言之，他保证不让农户吃亏。此举有力地带动了当地农民种植积极性，使当地农民增加了收入。惜康采用从种植、管理、收割、加工、销售一条龙的公司加农户模式，既保证了产品质量，又确保了货源充足。

惜康科技有限公司　苦荞小米

惜康科技有限公司　富硒小米

2016 年 8 月 3 日，富硒小米 28 项检验达到欧盟标准，通过中国香港龙港滙绿色食品国际有限公司，成功打入中国香港及国际市场，带动整个区域企业农民增收。8 月 20 号，线上网站正式开通，在北京、天津、江苏、石家庄、保定、郑州等大中城市建立销售网络共计 112 家，开通了网络电子销售线上、线下、微商、微店等多种销售渠道。

惜康科技有限公司　产品展示

发展现代农业的践行者

——记肥晶国庄园董事长赵伟国

赵伟国，1982年11月在藁城县建筑公司任技术员；1989年在藁城市廉州三建任施工长；2001年在藁城市廉州三建一分公司任经理；2005年10月成立藁城天信热力有限公司，并担任董事长。公司日产热气500吨，为解决藁城东开发区集中供热问题作出了贡献。2014年10月，在藁城区城子村南投资1 300万元创建肥晶国庄园，占地200亩，从山东引种3 000株市场走俏的高端果品——车厘子。为了打造成高端果品休闲采摘项目，先后与河北科技大学、河北农业大学签订校企合作协议，将园区确定为大学生实践基地、科技转化基地，与中国农业大学、北京林业大学、河北农科院达成长期合作意向，聘请10名大学教授、专家担任顾问。通过租赁、转包、托管、股份合作等形式，除了给付每亩土地1 000~1 500元的租金收入外，还与被占地农民签订入园合同，成为职业化农民，根据不同岗位每月工资1 500~5 000元，对没有技术的农民免费培训。在管理上，

肥晶国庄园董事长赵伟国

肥晶国庄园 大樱桃

赵伟国注重运用先进的科技手段管理园区，提高现代农业化的科技水平，率先在全国建成了百亩连栋设施大樱桃种植基地，并且在大棚内安装了物联网控制系统，实现了从田间地头到手机客户端、电脑客户端的互动连接，技术人员能够在手机上获取实时资讯，随时观测植物的生长环境，实现了自动报警控制。通过几年拼搏，目前庄园已发展成为占地千亩，具有肥晶国文化特色的集种植、养殖、农业研发、观光旅游、休闲度假及科普教育为一体的现代化农业科技园区，实现四季有采摘，随着全年游客不断地增长，直接实现农民就业100多人，间接实现农民就业2 000多人，带动辐射周边村发展特色林果种植达10 000多亩。

园区2015年被评为河北省林果采摘园、石家庄市级现代农业园区，2016年被省级科技型中小型企业、三星级农业园区，石家庄市重点龙头企业，河北省旅游联盟生态旅游示范奖、2017年藁城区科普示范基地。个人2017年也被评为石家庄市劳动模范、第十四届石家庄市人大代表。

由赵伟国创建的肥晶国庄园，坐落于千年古国——肥子国旧址，现藁城区兴华路南侧，距新京港澳高速石家庄东出口仅3千米；西邻藁梅路、南邻建设路，东临藁贾路。其地理位置优越、文化底蕴丰厚、生态环境优雅、田园风光浓郁、业态分布合理，彰显了现代农业田园综合体的风貌。

园区始建于2014年10月，注册资金2 000万元。目前，园区占地面积1 000余亩，投资5 000余万元，已初步形成百亩设施大樱桃生产基地、百亩设施蔬菜生产基地、百亩特种水果生产基地、百亩花海婚纱摄影基地、百亩少年儿童农事体验区及独具特色的千年古枣树群休闲林等。乡土特色的农家乐餐厅、被人遗忘的远古农耕文化、3 000 年前的狄人文明故事，使逃离都市森林的市民感受到了真正意义上的田园风光，使少年儿童在游乐中体验到科学农业的魅力。

经过 2 年来的不懈努力，园区已被命名为重点龙头企业、石家庄市现代农业园区、河北省科技型中小型企业、河北省观光采摘果园、三星级农业园、科普教育示范基地，被河北省信用促进会评为守合同重信用企业，并获得中国旅游总评榜 2016 年度生态旅游示范奖等荣誉。

园区聘请中国科学院建筑规划研究所为园区科学的作出了五年发展规划，核心区规划占地 2 350 亩，辐射区规划占地 1.2 万亩。核心区将依据规划分期建设 9 个功能板块，即农庄入口服务区、生态农业示范区、儿童农庄科普区、民风民俗休闲区、果林采摘养生区、生态牧场养殖区、汽车营地体验区、设施农业种植区、农品加工配套区。并将肥子国文化及藁城历史上八景融于其中；在辐射区依托其富硒带和传统宫面加工的特有优势，拓展富硒杂粮深加工及规划建设 1 100 亩的"中国杂粮城和特色宫面加工基地"。

园区为市级现代农业园区，也是市级现代农业科技园区，农业科技示

肥晶国庄园 立体草莓

肥晶国庄园 百亩油菜花海

范及技术推广始终作为园区的重要职责。目前，园区已实施的农业科技示范并做技术推广项目主要有：①与河北科技师范学院合作研发的设施甜樱桃增产技术；②与河北农科院合作示范的哈密瓜本地化项目取得了理想的效果；③与北京农林科学院合作的无土立体栽培韭菜、草莓技术取得了成功，水培韭菜项目正在实验当中；④物联网技术管理系统，已由国家农业信息化工程技术研究中心和廊坊华夏神农农业科技有限公司安装调试，达到了园区设施全覆盖；⑤水肥一体化、膜下滴灌、小管出流、微喷、中喷

肥晶国庄园 百年古枣树

等节水农业系统在园区已全面实施；⑥双膜覆盖小拱棚节能技术的推广应用，收到了满意的效果。园区设有专家工作站，有关科研院所的专家学者常年进行学术交流；园区常年聘用的专业技术人员，均有一定的实践经验和专业技能。

该园区董事长赵伟国是藁城区休闲观光农业协会的会长。园区设有能同时容纳100余人的技能培训中心和生态餐厅，会员单位37家，基本覆盖绝大部分农业公司、合作社和家庭农场。经验交流、集中培训成为一种常态。每年的专业技能培训都在5次以上，培训已达千人次以上，得到了受益农民的拥护和有关部门的好评。

目前，该园区正积极对外招商。随着园区的承载能力逐步提高，建设规模的逐步扩大，在不久的将来，展现在大家面前的将是一个气势恢宏、独具魅力、风光无限的置业休闲田园综合体。

一位庄稼汉的蜕变

——记藁城区金喜种植专业合作社社长韩金魁

在藁城，只要提起北孟村韩金魁，大家都知道他是个有名的种粮大户。他通过自学，取得了农技师助理和新型职业农民证书，并将流转土地面积从 2007 年的 70 亩增加到现在的 1 150 亩。目前，韩金魁创办的藁城区金喜种植专业合作社拥有固定资产 160 万元，播种、收割等各种农业机械设备 13 台（套），晾晒场 6 000 平方米。2017 年小麦种植面积 1 150 亩，总产 603 吨，产值 167.6 万元。

一、兴趣指引，坚持不懈，从"庄稼汉"到"农业行家"

韩金魁是一位地地道道的庄稼汉，第一次跟随父亲下地干活之后，他就沉迷于对这片土地的热爱。"民以食为天。没有土地，哪有粮食。没有粮食，哪有我们。"刚提到种地，他就开始变得侃侃而谈。初中毕业后，他没有继续学业，而是选择回家种地。问起原因，他憨厚地笑着说道："就

金喜种植专业合作社社长韩金魁

是喜欢，喜欢和土地打交道，喜欢和农民在一起交流，他们都给我一种特别亲切的感觉"。

古人有云，"知之者不如好之者，好之者不如乐之者。"兴趣成为了韩金魁最初的老师，见证了他一步一步从普通的"庄稼汉"向小有名气的"农业行家"的转变。1990年，25岁的韩金魁已经不满足于仅仅经营自家8亩土地，于是他筹集资金2万元，在增村镇开办了自己的农资门市，主要经营农药、化肥和种子。除了赚钱，他想把农资超市作为与农民交流的一种方式，了解农民所需，农业所求。虽然终止了学业，但是他没有放弃对农业知识的学习，没有放弃对农业问题的钻研，更没有放弃对农业发展方

向的关注。"当时没有机会接触到老师，所以，我坚持自学。"就是这份对土地的热爱，对农业知识的渴求，他每年都会订阅《河北农民报》《河北科技报》，自学一些病虫害防治知识和农田管理技术。

经过多年的知识积累，韩金魁感觉自己对农业技术完全可以独当一面，但是一件小事帮他看到了自己的不足。2000年，一位同村的老乡手捧一簇麦穗来找他寻求帮助时，经营农资已经快十年的韩金魁犯难了，这是他从未见过的病虫害。成片泛白的麦穗，会导致种植者颗粒无收。看着愁眉不展的老乡，韩金魁坐不住了。机缘巧合，韩金魁经常在家收看石家庄电视台的一档农业科教节目，来自河

农业部韩长赋部长、张庆伟省长、孙瑞彬书记等领导视察试验示范基地节水示范

农业部部长韩长赋与韩金魁交谈

北省农业厅植保站的姜京宇经常在节目中讲解一些病虫害防治知识，他从中学到了不少。于是，他不顾天气炎热，马不停蹄赶往石家庄，向姜京宇老师寻求帮助。他找到了答案，这是一种新出现的病虫害——全蚀病，这种病通过麦种传播，只要在播种前用三唑类杀菌剂拌种后再进行播种即可防治。

这次的经历让韩金魁则成为了十里八乡的名人，大家都亲切地称他为"农业百事通"，每当遇到病虫害，大家都到他的农资门市咨询和请教。这更加激发了他对于学习的热情，藁城、石家庄、甚至北京都有韩金魁求学的身影，他拜访过数十位老师。长

年累月的积累，他从地地道道的"庄稼汉"成为名副其实的"农业行家"。

二、流转土地，规模经营，从"庄稼汉"到"种植大户"

随着社会的不断发展，越来越多的年轻人从土地上看不到经济效益，更不想一直顶着"农民"这顶帽子，他们或是选择求学，或是务工，从而走出农村。"那时候村里很多农户都缺少青壮年劳动力，老的老，小的小，上年纪的不懂技术，也不会管理，庄稼不仅产量低，过多施肥又导致土壤质量不断下降，这可是一个恶性循环。"韩金魁说道。于是，一个想法就此萌生——承包土地，规模经营。

谈起韩金魁从"庄稼汉"到"种

原河北省省长张庆伟视察

粮大户"的转变，他笑着说，这首先得益于自己的规模化和集约化经营。随着国家惠民政策的相继出台，农民不仅不用上交农业税，还可以享受良种推广、购置农机等各种补贴，这对韩金魁来说起到了极大的鼓舞作用。同时，他也看到了科技、良种的推广和机械化耕作技术的应用，都让规模化、标准化、集约化生产变得越来越必要。于是，从2007年开始，他采取租赁、互换等方式把闲置耕地流转过来，推进规模化、集约化种粮。同时，他想方设法把当地的小规模种植农户联合起来，2014年注册成立了金喜种植专业合作社，通过合作社的形式，做到了统一品种、统一肥水管理、统一病虫害专业化防治、统一产品销售。

除了生产实现规模化和集约化，掌握科学的管理方式也是一个极其重要的方面。多年的种粮经验让韩金魁意识到，只有依靠科技才能实现科学化管理。之前，村里人种庄稼都是按照老辈儿传下的经验办，就是"大肥、大水、大收获"，今天看来就是太愚昧。他打破常规，积极采用藁城区农业局推广的"五优五改"技术："五优"就是优化品种布局、优化播种技术、优化节水灌溉技术、优化配方施肥技术、优化病虫草害防治技术；"五改"就是改小麦早播为适时晚播、改宽行距为缩行密植、改常规浇水为减次节水灌溉、改经验施肥为测土配方施肥、改病虫草单防为一喷综防技术，这对粮食丰收起到了非常重要的作用。韩金魁种植面积由2007年的70亩增加到目前的1 150亩，小麦由最初的亩产 450 千克增长到去年的 525 千克，韩金魁从"庄稼汉"成为了名副其实的"种植大户"。

大胆尝试，积极争取，从"庄稼汉"到"带头人"

随着种植规模的不断扩大，韩金魁在收获粮食亩产逐年攀升的喜悦之后，浇地成本的不断增加的问题却日益显现出来。"先说人工费吧，以现在合作社的规模，我们需要每天花 80 元 / 人，雇 60 人左右来浇地，并且至少需要持续 20 天，算下来就是一笔不小的费用，这还不包括水费和电费。"韩金魁介绍说。

针对浇地成本问题，韩金魁又开始四处奔走，先是到周边县市考察学习，问题仍然得不到很好的解决。正

当他一筹莫展之时，藁城农业局的水肥一体化项目让他看到了希望。当别人抱着怀疑的态度时，韩金魁却表现出"第一个吃螃蟹"人的胆识和果敢。在他的多次争取和农业局技术人员的多次考察后，总投资 320 万元的水肥一体化示范场项目，最终落户到韩金魁的金喜种植专业合作社。

项目落地后，韩金魁并没有因此而松懈，而是继续投入到技术的不断改进中。水肥一体化最核心的就是把肥料溶解在水中，灌溉和施肥同时进行。技术应用过程中，韩金魁发现，微喷灌溉技术比较容易掌握，但施肥就不那么简单。虽然施肥技术上没有问题，但有些地方配置的施肥罐较小，一会儿就得加一次，比较麻烦。于是，

召开水肥一体化现场会

韩金魁就请来了合作社技术负责人魏拴柱共同研究改进办法。经过二人的不懈努力，决定采用罐改池的方法控制施肥量。"看，配肥很简单。这是水位浮动标尺，200千克的肥料往池里一倒一搅，标尺水位10厘米，池里水肥就有1立方米。拧开泵后，根据事先测算的时间就能知道输送的水肥量。"韩金魁边演示边说道。而在井房内，施肥池在半地下，池上过滤器，池下搅拌泵和供肥泵，而加肥口可以设在井房外，其高度十分方便倒进肥料，省时省力。

经过一年的试验，韩金魁实施水肥一体化的1 000亩麦地，每亩可实现节肥1/3、节水40%、省电30%，因取消畦埂增地10%，尤其能省工60%，具有良好的节水、节地的社会和生态效益。韩金魁水肥一体化示范项目的成功受到了国家及省市领导的关注。2015年4月8日，农业部韩长赋部长来示范场视察，张庆伟省长、孙瑞彬书记陪同；4月25日，全国农技中心高祥照总农艺师前来调研节水农业工作，随行的河北省小麦玉米水肥一体化技术培训班也进行了现场观摩；7月3日，河北省水肥一体化技术示范推广会议将该示范片作为省级示范样板，要求各县进行观摩考察。

韩金魁在种粮的道路上完成了"庄稼汉"的完美蜕变，诠释了一个中国农民的不懈追求，用他自己的话说，这已成为他终生的事业。

自强不息的养猪致富带头人

——记石家庄亮昊种猪商贸有限公司董事长王志华

今年 31 岁的王志华是藁城区北楼村人，石家庄养猪行业拔尖人，科学致富带头人，石家庄亮昊种猪商贸有限公司经理。刚过而立之年的他，给人第一印象就是精明能干、性格耿直。多年来，通过不断地学习进取，勇于追求探索，靠自己的汗水，更靠自己的智慧、坚忍不拔的毅力和艰苦奋斗的创业精神，成功地闯出了一条养猪致富路，以惊人的业绩成为远近

闻名的养猪行业带头人。先后 3 次被石家庄市养猪行业协会授予"全市养猪行业先进个人"称号。2016 年，当选为藁城区人大代表。

俗话说，千里之行始于足下。王志华自初中毕业后就踏上了经商的道路。靠着一股闯劲和拼劲，他立志自主创业，干一番自己的事业，打造属于自己的一片天地。由于父亲一直从事种猪配种工作，受他影响，王志华

亮昊种猪商贸有限公司经理 王志华

亮昊种猪商贸有限公司 参加上海展

毅然选择并义无反顾地走上了养猪创业之路。咬定青山不放松，认定的目标就决心要闯一闯。受国家推广该良种猪政策的影响，2009年，王志华在政府支持和乡亲朋友们的帮助下筹集到了部分资金，在北楼村村西租下5亩土地，建起了一个能容纳500头猪的养猪场。经过广泛的市场调查，加上父亲的指导，王志华先后引进了迪卡、大白、长白、杜洛克等优质种猪，积极推广种猪人工授精技术。养猪是个技术活，不仅要有好的品种，还要有好的技术。刚开始，由于缺乏饲养技术和管理经验，他筹资买的优良种猪产仔率低，而且死亡率高达15%。面对失败和挫折，王志华没有气馁。他通过农业畜牧局组织的新型农民职业技术培训学习先进的养殖经验，又去石家庄、北京等地区参观大型养猪场，苦心钻研养殖书籍，认真学习养猪技术，高薪聘请专家教授到自己的养猪场现场指导，不断提高管理水平，从而积累了较丰富的理论知识和实践经验。硬是靠着一股钻劲和韧劲，带着一颗追求事业的热心，克服了一个又一个困难，创出了一条成功之路，收到了良好的经济效益。

成绩面前不满足于现状。王志华经常说想要成就自己的事业，实现自身的价值，除了有丰富的科学知识、实践经验和过人的胆识外，还要靠敏锐的觉察、科学的设计和善于利用在自身的资源。他决心走科学化、规范化、集约化和产业化管理道路，使自己的养猪事业不断壮大。壮志满怀的他决心再造一座规模大、标准高的养殖企业。

2013年，王志华积极响应党的

号召，在镇政府的有利协调和畜牧局等主管部门的帮助下，争取到了国家种猪良种补贴的项目。经多方筹措和小额贷款扶持，共计筹集资金300多万元，建起了一座占地30多亩的高标准公猪站。站内配套设施有标准化采精室和设备精良的实验室、静夜储备室等，并先后从上海、北京、湖北、湖南、安徽等省市的大型良种繁育场及河北种猪拍卖会引进优质种猪200余头，同时，聘请了国家高级人工配种专家，集中组织培训了一支素质高、业务能力强、服务态度好的专业人工配种队伍，实现了种猪饲养、采精、储备、配种一条龙作业。建成之火，王志华的站点经上级主管部门领导以及专家学者的考核、验收认可，已经成为石家庄市唯一一所达到国家标准的全功能、高质量的公猪站，同行业的龙头企业。业务覆盖整个藁城区、晋州、无极、辛集、赞皇以及邢台、邯郸等周边县市。现在，各地前来参观学习的人员络绎不绝。一分耕耘就有一分收获。历经打拼，王志华终于建立起了属于自己的企业——石家庄亮昊种猪商贸有限公司。

有志者事竟成。经过几年的创业，如今王志华的种猪存栏量已经达到200多头，培育的优质种猪每头价格卖到8 000～20 800元，年利润达到150万元。收获了第一桶金后，王志华积累了不少资金和经验，为自己事业进一步做大做强打下了坚实基础。

目标远大，抱负宏伟，成绩面前仍不懈努力，骄人的成绩并没有让王志华停下前进的脚步。随着人们越来越追求健康的生活方式，王志华看到市场无限商机，他决定倾尽公司所有财力承包了300亩土地，成立了石家庄亮昊家庭农场，先后从山东等地农

亮昊种猪商贸有限公司参加河北省十三届"京安杯"种猪拍卖会

牧科研基地引进优质葡萄、苹果等新品种，结合自己的养猪场，搞种养一体化经营模式。现在农场已经种植50余亩苹果林，200多亩优质葡萄园，并建立起了藁城区最大葡萄恒温连体大棚。种植园里所需的肥料全部来自于养猪场产下的粪便，王志华正紧紧抓住目前的大好时机，努力建造一个种养结合，循环农业生产、集旅游、观光、采摘、休闲为一体的立体生态农业。

致富不忘众乡亲。王志华秉承"带头致富，集体共同富裕"的理念，带领广大村民走共同富裕的道路。在自己养殖业不断发展壮大的同时，他多次组织广大养殖户和村民参加养殖技术专题培训讲座，耐心解答村民的疑难问题，提高他们的养殖技术。他还经常深入到养猪户，现场细心指导，

种养结合绿色大红提

并带着一片热心为困难养殖户排忧解难，给予资金支持。点亮一盏灯，照亮一片天，在他的带领下，北楼村的养猪业迅速发展，王志华也得到了广大村民的认可和赞赏。

亮昊种猪商贸有限公司 会议现场

从"门外汉"到庄稼种植能手

——记藁城区南孟镇种粮致富带头人刘和宾

从一个没干过农活的"门外汉"变成种植庄稼的"行家里手",藁城区绿之宝家庭农场负责人、区人大代表刘和宾,弃商从农,带领周边村数百名群众走上现代农业种植的道路,成为当地有名的致富带头人。

刚过不惑之年的刘和宾是藁城区南孟镇韩家洼村村民,初中毕业后,当过油罐车的司机,开过水暖安装门市,经营过煤场,承包过工程……他经历丰富,却从未干过一天农活。在一定程度上可以说,在涉足种地之前,他的每一次转型都很成功,事业一帆风顺,没遇到过什么挫折。

尽管在别人眼里,刘和宾一直是事业有成的形象,但常年的离家在外,对家人的思念成为这个男人心中最柔软的地方。2012年,远在新疆包揽工

南孟镇种粮致富带头人刘和宾

绿之宝家庭农场

程的刘和宾发现，有很多外地人在新疆通过土地流转搞农业种植，收益相当不错。他就寻思着：我是不是也可以回到自己的家乡搞土地流转，进行农业种植，这样既可以照顾家人又可以挣钱。说干就干，同年9月，刘和宾怀揣着回家创业的梦想和自己多年的积蓄回到了自己的家乡，创办了藁城区（市）绿之宝家庭农场，流转了本村500亩土地种植小麦，开始了自己的农民生涯。当年10月，他还与石家庄市大地种业有限公司签订了小麦繁种合同。到2013年小麦成熟时，该公司会以比市场价高0.15元的价格收购他的小麦。在庄稼刚种下时就找到了买家，村里其他的种植户都夸他有本事，这时的刘和宾意气风发，满满的自豪感。

"一开始我想的比较简单，虽然自己没有什么种植经验，幻想着只要雇佣一个农业职业经理人来替我管理就可以坐等收钱了。"刘和宾说，"但万事开头难，在2013年麦收季节，由于缺乏种植经验，单纯地认为晚收割会提高产量，就故意往后推迟了收割时间，结果收割面积不到五分之一时就遇到了下雨天气，400多亩小麦淋雨后发芽，不仅不能当做麦种销售，连市场价都卖不上了，只能低价处理，种地一年下来赔了近30万。"这让向来一帆风顺的刘和宾在种地这件事上遇到了前所未有的打击，当"农场主"的梦想几乎要被大雨浇灭了。

俗话说："经一事，长一智。"不肯服输的刘和宾痛定思痛，认真分析了自己失败的原因，他不仅认识到种地也要讲究技术的重要性，还认识到农场要发展就必须要走精细化管理的道路。所以，他一方面报名参加了藁城区农业局组织的新型职业农民培训班，努力提高自身种植技能；另一方面将种植面积扩大到1 080亩的规模，他还投入近100万元对农场进行了改造，建设了晾晒场、粮食库房，安装了微喷水肥一体化的节水系统，还配备了自走式打药机等农机设备。"我相信通过软硬件实力的整体改善，种粮的经济效益肯定会有所提升。"刘和宾自信地说。

经过不懈的努力，刘和宾从一个对农活一窍不通的"门外汉"，蜕变成懂技术懂管理的"行家里手"，他的农场终于也在2014年扭亏为盈。经过2年多的摸索，刘和宾逐渐有了自己的经营模式——搞"订单农业"，这样不仅效益高，还能避免市场价格大幅波动带来的负面

效应。无论种植小麦还是玉米，刘和宾都在种植前找好买家，所以，在2015年、2016年玉米市场价格低迷的情况下，提前订好青储玉米收购合约的刘和宾并未受到多大影响。

刘和宾的农场效益好了，就想着带动乡亲们共同致富。2016年，在当地农业部门的推动下，刘和宾联合当地10个种粮大户，在藁城区率先组织成立了藁城区青农汇优质麦种植专业合作社联合社，通过与种子公司建立长期合作关系、签订制种订单的形式，致力将藁城打造成覆盖周边县市的粮食制种基地，让更多的农民参与到订单农业中来。"合作社抱团发展的方式，不仅能让我们互通有无，还能共同抵御市场风险，降低生产成本。"刘和宾说，"目前，联合社共有2万亩土地，以购买农药、化肥等

央视二套第一时间栏目报道刘和宾事迹

小麦机械化收割

农资为例，我们的购买成本至少能降低 5%～10%，省下的都是收益呀"！

此外，为了让更多的种植户享受到现代农业机械的便利，刘和宾还利用自己农场现有的自走式打药机等现代化设备搞农机社会化服务。他的农场还被评为新型职业农民实训基地。

"我希望通过自身带动作用，让更多的乡亲们腰包鼓起来。"刘和宾坚定地说。为了适应农业供给侧改革，今年刘和宾计划进一步调整种植结构，增加大豆和谷子的种植面积。对于今后的发展，刘和宾还有着清晰的规划，他准备进一步延伸小麦种植产业，发展小麦深加工，让更多的人吃上原汁原味的石磨面粉。

小麦成熟收获

为农民致富搭"金桥"

——记新庄苑农业开发有限公司葡萄种植示范园

新庄苑农业开发有限公司

石家庄市新庄苑农业开发有限公司，位于石家庄市藁城区岗上镇西辛庄村，成立于2013年9月。西辛庄村东临新京港澳藁城兴华路高速口，西临新赵线，北邻307国道和机场路。这里地理位置优越，交通十分方便，风景秀丽，田园如画，传统农业种植远近闻名。该村有耕地5 500余亩，村民3 400余人，是藁城区设施蔬菜水果生产代表村，其种植规模、栽培模式和产品质量均有较高的知名度。2000年，胡锦涛总书记到该村视察蔬菜生产，并深入到温室大棚内亲自察看，对该村温室蔬菜生产给予了充分肯定，被石家庄市农业局命名为"绿色蔬菜生产基地"。

新庄苑农业开发有限公司，有股东8人，均为本村农户，注册资金50万元。公司以"引领农民致富奔小康"为宗旨，以"金桥工程"为切入点，以占地220亩、集葡萄和蔬菜种植于一体的现代标准园区为中心示范园区，以农业种植为基础，以新型大棚种植为建设模式，采用公司加农户的运营方式，实行公司化管理机制，倾心打造规模效益。

中心示范园区是集农业科技示范、农业旅游观光、有机蔬菜与水果种植、采摘销售、休闲娱乐为一体的创新型高科技生态园区。现已建成新型大棚58座，其中，新型钢架结构大棚22座，竹木结构大棚36个，以特有的"爱神玫瑰"葡萄品种为主，并种植有"京香玉、红巴拉多、黑巴拉多、夏日阳光、藤稔、维多利亚"

等优良品种；蔬菜有散花菜、秋葵、地豆角、苦瓜、西葫芦、乳黄瓜、樱桃番茄、油麦菜、小油菜等；水果有西瓜、甜瓜、面瓜、小金瓜、羊角蜜等品种；并种植了黑、白黏玉米和特色富硒葡萄、富硒蔬菜。水果蔬菜均符合国家规定的卫生标准。

中心示范园区以生态农业开发为基础，致力于创造优美的自然环境和生产优质绿色农产品，走观光农业、休闲度假农业发展新路子。公司有配套办公设施，无线网络覆盖整个园区，24小时供应热水，设施设备齐全，并配有独立的"观光车"。这里环境优美、舒适幽静、空气清新且含有大量的负氧离子，是城里人向往的"天然氧吧"，追求野趣的理想休闲胜地，每年接待游客数千人次。游人在这里体验农村生活，下地进棚劳动，亲自动手采摘，

新庄苑园区冷棚

冷棚番茄

品尝农家饭菜，使人流连忘返。2015年，中心示范园区荣获"河北省四星级休闲农业采摘园"等多项荣誉。

中心示范园区已建成。园区被评为藁城区新型职业农民实训基地、藁城区高效农业示范场培训基地。每年在这里举办培训班5~6期，参训人数达数百人。培训的重点内容，一是普及国家惠农政策；二是培训农产品的种植栽培技术和管理方法；三是进行实地参观及经验技术交流。其中，葡萄种植专业技术的交流最多，每年有逾千人来这里交流观摩和学习，主要针对葡萄种植技术、肥水管理、农药喷洒、枝叶修剪、开花期和坐果期时间节点的管理及

葡萄种植示范园

常见问题等方面进行重点的探讨和研究。

新庄苑农业开发有限公司大力实施"金桥工程"，为广大村民致富奔小康穿针引线、铺路搭桥。现已带动农户600余户，建有各类温室占地2 400多亩，各种大中棚占地1 600余亩。该公司以发展农业机械化、农业现代化、农业产业化为推进器，结合现代农业标准化示范园区建设，以"产品上质量、产业上特色"为发展思路，打破分散经营的传统模式，大力推进种植专业化、生产标准化、品种多样化，精心打造省会菜篮子工程乃至京津冀果蔬专业种植基地。公司实行"六统一管理"，即统一品种，统一购药、肥、膜等农资，统一栽培技术规程，统一产品检测，统一包装标志，统一产品销售，有效消除了分散经营的弊端，大大提高了农业种植效益，凸显了规模经营的优越性。新庄苑农业开发有限公司的发展，对于带动近区域乃至整个藁城区新型农业的发展正发挥着不可估量的作用。

新庄苑农业开发有限公司决心在党和政府一系列现代农业利好政策的引导下，继续带领新型农业经营主体在奔小康的大道上大刀阔斧，勇往直前，开拓一片新天地，实现经济效益和社会效益的双丰收。

大白菜

健康秋满园　创新带头人

——记绿色热带水果栽植领航者牛忠

"在充满激情的青春岁月，做一件有意义的事——把绿色健康无公害热带水果带到千家万户，健康每个人！"这是石家庄市藁城区岗上镇杜村"天机种植专业合作社"社长牛忠的座右铭。

牛忠，男，1980年出生，是藁城休闲都市农业协会发起人。他原在电建工作，2007—2010年，因工作需要，他远赴马来西亚工作了3年。在这3年的时间里，他利用工作空闲时间走访了马来西亚多个水果种植基地。通过考察，他发现石家庄的热带水果都是从南方运输过来的，火龙果就是其中之一。为了保证火龙果在运输过程中的完好无损，必须在水果不完全成熟的情况下采摘，这样的火龙果口感肯定不如熟透的好吃。当时，牛忠就萌生了"把热带水果种到自己家门口，让当地乡亲们吃到真正口感纯正的、

天机种植专业合作社社长牛忠

天机种植专业合作社社长牛忠

绿色无公害的'自然熟'热带水果"的念头。在马来西亚工作结束后，他又专门多次出国进行考察论证。他胸有成竹了，便决定付诸行动。2014年春，他从马来西亚引进了5 000余株6个品种的红龙果原木苗，其中包括红皮红肉火龙果。同年，又从南方购进了200株百香果幼苗，开始走上了创新种植之路。这年，他创办了"河北石家庄藁城市天机种植专业合作社"，亲任社长，主要从事火龙果、百香果等热带水果的种植和育苗。在他的带领下，合作社注册了"秋满园"果品商标，这个品牌的果品皮薄色艳，口感润甜，含糖量较高，得到石家庄当地消费者的一致认可。他采用的绿色无公害技术、南果北种以及多种物种配套种植的创新栽植方法，在当地引起了不小的轰动。央视CCTV-2频道进行了专门报道，河北农民频道的"农博士在行动"也播报了他的红龙果种植技术，牛忠和他先进的种植技术受到了社会的广泛关注。

他建的大棚采用钢架无立柱土质结构，每个大棚占地3.8亩，使用面积1.5亩。共计7个大棚，主要种植火龙果，同时，在火龙果垅间间种番茄，再在大棚内四壁种植百香果。这种独特的间作方法，既不影响火龙果生长挂果，又为百香果的生长挂果留

天机种植专业合作社社长牛忠

足了空间。2014 年 10 月，开始在火龙果地表间隙栽种番茄秧苗，至翌年 2 月开始采摘上市，5 月底下架。这时，红龙果和百香果也开始开花挂果，到 11 月底果实全部采摘完毕。在这 7 个月的时间里，大棚内客流不断，客人既可观花亦可摘果。合作社又为自己的火龙果注册了商标和品牌，并采用大棚采摘兼网络销售相结合的营销模式。这种多物种的间种方式，一方面可减轻部分投资压力；另一方面，也极大地提高了经济效益。他的这种套种方式，得到了周边大棚农户的一致认可和赞赏，在当地大棚种植户中颇有影响。

对于"80 后"的年轻创业者来说，最头痛的就是资金问题。虽然大棚已经初见成效，但还是入不敷出，工人的工资、车辆开支、大棚的租金、更换棚膜、购买肥料等，都是不小的开支。年底结账的时候，为了不拖欠各种款项，牛忠向所有亲朋好友借钱，最后还是资金欠缺，只好又贷了几十万的贷款，虽然最后把欠款还上了，可他却为此背上了几十万的债务。

自从种植了火龙果，牛忠原来在电建的工作也受到了影响，跟领导沟通后，就去了园区附近的一个电厂工作，他白天在大棚指导工人管理苗木，晚上到电厂上班。这样两班倒的模式，持续了不到一年，他身体再也吃不消了，只能放弃一头。这时候，家里人都让他放弃火龙果大棚，可他实在舍不得刚刚起步的水果种植，最终，还

外宾参观合作社

是放弃了电建的工作，全身心的投入到了火龙果大棚种植。这个时候，他就横下心来，要把这个爱好当做自己的事业来干。

几年的投资种植，牛忠吃尽了苦头，平时的头疼感冒发烧吃点药打完点滴，继续奔走在田间地头，亲力亲为，指导工人。2015年夏天，牛忠小腿上长了一个火疖子，疼痛难忍，可那段时间正是大棚忙碌的时候，他就自己忍痛处理了一下，没想到感染了开始溃脓了，小腿粗肿起来，走路都成问题了，这时候他才不得不去医院，医生让他立即住院进行手术。但是，当时市里安排他第二天去北京参加学习培训，为了能多学习点技术知识，

他没有住院，而是直奔北京。到了北京他就开始发烧，却只在一个小门诊让大夫给简单处理了一下，拿了点药，就这样一直坚持培训结束。作为一个立志把热带水果种植当做事业来干的年轻人，牛忠始终保持一颗进取之心，不断地学习热带水果种植的新技术。现在，他已从一个对农业一窍不通的都市男孩，成长为一名热带水果技术指导员，并于2016年参加了"河北省农业广播电视学校藁城分校"技术培训，现已领到新型职业农民证书。一路走来，牛忠享受了成功的喜悦，也饱尝了艰辛。2016年"7.19"洪灾，殃及了他的大棚，为了及时把棚里的雨水排出，连续几个昼夜，他寸步不

第一篇

石家庄市藁城区农业致富典型

离地守在棚里，和工人一起淘水，累得晕倒在地；作为人子，他愧对父母，不能在母亲床前尽孝，他的母亲身体不好，经常住院，大棚种植又是刚起步，每次在母亲床前都呆不到10分钟，园区工人的一个电话就把他叫走了，直至老人病逝，每每提起母亲的离世，他都哽咽不止；作为丈夫，他愧对妻子，不仅不能帮助妻子操持家务，反而拖累了妻子，妻子远在石家庄郊县平山工作，为了让他专心干事业，天天往返于石家庄和平山，每天大早5:30起床，晚上20:30才能回到家，风雨无阻，一跑就是4个年头；作为父亲，他愧对女儿，在孩子的成长道路上，他不能给孩子最起码的父爱，哪怕是一个爱的拥抱。对于他来

说，火龙果倒成了他真正的"孩子"！

干事业难，干农业产业更难，干创新农业产业难上加难！但是，为了当初的诺言和对公众健康的追求，为了心中那份对事业的执念，在追梦的路上，披荆斩棘，一路前行。现在，有了国家惠农政策和上级政府部门的大力支持，牛忠的合作社又发展了21个大棚，除了种植火龙果以外，又引进了百香果的新品种和木瓜、柠檬等。牛忠社长说，再过两三年，这里会成为一个"北方小南国"，会成为一个"热带果林"。要健康，就吃牛忠果！这句话虽然简单，我们却能从中看出他对热带水果的热爱，对健康的追求以及对在石家庄发展热带农业产业的执著追求。

外宾参观合作社

坎坷致富路 "菊神"降太行

——记石家庄市藁城区北小屯菊花种植基地刘瑞林

刘瑞林，石家庄市藁城区北小屯村人，他靠种植太行奇菊致富了。

在种植菊花前，他主要是从事纺织品行业。在商场打拼多年，一直想做自己的品牌，但苦于没有合适的产品。刘瑞林是学园艺专业的，一次偶然的机会，他在田间采到了几株菊花，他便去咨询省农科院花卉专家，经鉴定，这是河北当地的稀有菊花品种，具有药食两用效果。如作为商品经营，市场潜力较大。刘瑞林来了兴致，当年就繁殖了半亩地的菊花，建造了一个简单的电烘房。在收获烘干后，送给亲戚朋友冲泡品尝，得到一致好评。这种菊花冲泡后，花形优美，并带有奇特的药物香味，口感品相俱佳。他便下决心将太行奇菊这个产品做成品牌，打造菊花原产地种植基地，并将其做成畅销全国的大品牌。

2008 年，他注册了"菊神"商标，菊花品种为太行奇菊，河北香菊科，是大朵菊花的一种。太行奇菊不仅自

"菊神"刘瑞林

菊花温室大棚

身带有独特的药物香味，检测报告显示，太行奇菊所含有的微量元素还比一般的菊花含量要高，因此更加耐冲泡，还具有很高的药用价值，且口感佳、品相好。一人一天可冲泡一朵菊花，或者7~8个人冲泡一壶菊花茶，放上两朵最佳。用玻璃杯盛放，可以再现菊花完美的花形，色、味、形俱佳。目前，他的种植规模达到180亩，投入资金2 000多万元。他将采下的菊花分拣烘干后，采取单朵包装，售价定为1.1元，销往全国各地。今年的菊花已被全部预订，年销售额可达2 000万元。

但在这之前，如何种好菊花、如何烘干，一直是刘瑞林感到头疼的问题，虽然走访了一些专家，但对于从种植菊花、收获菊花、烘干菊花到销售菊花的全过程并没有详细的标准，他就边种边学边摸索，为此他曾遭受损失300多万元。例如，每年的11—12月，此时的菊花正值开花期和采摘期，大朵菊花盛开，景色十分壮观。而河北地区此时已进入霜冻期，他的菊花连续两年遭受冻害，菊花大面积死亡，经济损失严重。为防冻害，刘瑞林建造了暖棚，确保了菊花安全度过采摘期。暖棚仅在霜冻期使用，保证菊花收获。

暖棚设施建造好了以后，解决了菊花霜冻问题，可是在菊花扦插的时候，又出现了新的问题。菊花苗需要灭菌处理，但在种植初期，不能准确掌握灭菌剂用量，因灭菌处理不恰当，在当年扦插的100万株菊花苗，感染死亡50%。惨痛的代价，并没有摧毁这个硬汉子的顽强意志，他咨询专家，反复实验，终于掌握了菊花灭菌处理的正确方法。

菊花每年从4月20日开始扦插，到6月1日定植。在定植以后，要控制施肥，保证菊花正常生长即可，切不可多施肥料，造成菊花疯长。到了8月，就开始进行打顶，整个打顶过程要持续2个月，这个步骤是保证菊花品质的关键。刘瑞林制定的合格产品标准是，单朵花直径在7厘米以上。前些年，由于技术和管理问题，收获的菊花淘汰率在50%以上，每亩地合格的菊花仅在10万朵左右。后来，他决定改进管理技术，到打顶的时候，去细枝留粗枝，每一株菊花只留10个枝，不贪多。每一枝上只留4~5朵花，每株最终可收获40~50朵。这样既提高了养分利用率，又能保证每朵花始终保持良好的生长状态。从对菊花的初期管理，就基本保证了最后收获时的数量和品质。在几年来的种植实践中，刘瑞林培养出了一批花艺人员，目前已成为种植菊花的专业技术人员，从而保证了菊花种植全过程的标准化生产管理。

菊花采摘后，便进入烘干程序。刘瑞林建造了56间烘干房，每间投

太行奇菊

入 10 余万元，烘干房由电脑智能控制温湿度，整个过程需要 3 天 3 夜。烘干环节是一个重要环节，需要精心科学运作，才能保证菊花的商品性，才能使菊花在冲泡时还原其完美的色、味、形。

目前，刘瑞林的"菊神"已畅销全国各地，且供不应求。谈到今后的计划，他踌躇满志且信心十足。他说，首先要加大投资，扩大规模，计划将菊花的面积扩大到 500 亩。另外，菊花茶目前属于高端消费品，消费群体较小，普通消费者因价格原因很少选择我们的"菊神"品牌。今后，我们将狠抓节本增效，降低成本，降低售价，让利于消费者，让菊花茶这种高端奢侈品进入寻常百姓家，让每一位爱喝茶的消费者桌上都可以放上一杯菊花茶，品尝"菊神"的芳香，享受"菊神"的养生神效。

太行金丝皇菊

成熟菊花

敢问路在何方　路就在脚下

——记科普惠农先锋葡萄种植基地剧海江

剧海江，河北藁城故献村人，曾开办汽车修理厂，是一位致富能手。2011年，创办"给力种植合作社"。该社成立以来，秉承"办一专业合作社，带动一个产业，富一帮农民，兴一方经济"的宗旨，坚持以改善生态环境、提高现代农业生产技术、提供优质放心的绿色食品、开拓农民创业渠道、打造新农村为己任，流转土地100多亩，累计投资200余万元。倾情倾力打造集葡萄种植、观光采摘、特色示范于一体的现代农业示范园，不断探索特色种植、产业经营和农村建设的新路子。

2014年，该社入选为国家现代葡萄产业技术体系石家庄综合实验站示范基地、河北省观光采摘园、石家庄市果花产品质量监督检验站追溯示范点，被评为河北省科技型中小企业、全国科普惠农兴村先进单位。

当然，这些成果来之不易，这里有创业者的果敢抉择，有创业路上的坎坎坷坷，渗透着合作社成员的心血和汗水，熔铸着各有关部门领导和同

给力种植合作社社长　剧海江

志们的体贴和关怀。

一、克难闯关，只为不忘的那颗"初心"

剧海江说起他与种植葡萄的缘分来，他侃侃而谈。

"认准了的路，我就要走下去！"剧海江铿锵的话语掷地有声。2011年之前，剧海江是专业搞汽车修理的，而且还有一个效益不错的修理厂。一次偶然机会，他听到一位主管农业的市领导介绍外地规模化种植葡萄的经验及效益，随之萌发了种植葡萄的念头。随后他多次参加农业局组织的外地实地参观考察，更加坚定了他种植葡萄的决心。当亲戚朋友知道他有这一想法后，都劝他不要放下轻车熟路的汽修，而去搞这半路出家的营生。

剧海江告诉他们说，我想种葡萄并不是心血来潮，而是这个想法由来已久。那就是我每每回村，看到乡亲们依然整日忙忙碌碌，种植着玉米、小麦等传统农作物，依然延续着他们一成不变的春耕秋收的生产方式，依然过着刚刚温饱的生活，就发自内心地想帮助大家尽快找到一个改变生活现状、致富奔小康的路子。

"明知征途有艰险，越是艰险越向前。"他毅然决然地选择了转行。2011年春天，他信心十足地踏上了新的征程。

给力种植合作社社长 剧海江

这时，大风先给他来了个"下马威"。19个大型拱棚刚建起来，却因拱棚搭建结构不科学，所有棚膜被一场大风一扫而光，眨眼工夫便损失了十几万元。他心疼、心痛呀！欲哭无泪。乡亲们都传说他经不起这场打击，失踪了！但他没有灰心，自己悄悄跑到山东寿光去取经，学习建棚经验，并聘请了当地一位技术人员来帮助建设，拱棚建设的难题被破解了！

因地制宜，精选良种。近年来，藁城区葡萄生产发展很快，但大多数人只在葡萄产量上做文章，很少有人在品质、口感方面动脑筋，从而导致葡萄生产一到旺季就滞销，眼睁睁看着葡萄烂掉。剧海江为突破这一生产瓶颈，一是结合本地的气候条件，仔细对葡萄的生长习性、适应的土壤环境、年平均日照时间和强度等情况进行了全面的调查了解。二是从自己试种品种当中挑选出优良品种，该社先后对腾稔、黄金指、金手指、甬优一号、白鸡心、维多利亚、红地球等18个品种进行小面积试种，并建立起"档案"，好的进行推广，差的及时淘汰。三是多次奔赴石家庄、北京等地走访专家、技术人员，听取他们的意见和建议。最后他们选定品质优、外观美、抗病力强、上市早、价值高的爱神玫瑰、瑞都脆霞、瑞都红玉、香妃等优良品种作为种植推广品种。

勇于探索，勇于实践，不断改进栽培管理方法。他们多次聘请专家和技术人员到葡萄园进行现场指导和技术示范，在实践中摸索出了一套先进栽培管理方法。①整枝修剪法。修剪分为冬、夏两季进行，遵循四个原则：根据修剪的目的进行；根据各个品种不同的生物学特性进行；根据树势的强弱进行；根据枝质、棚架进行。②水肥一体灌溉法。传统的施肥方法，在生长期不注意肥料比例配备，以氮肥为主，造成新梢旺长，果实养分积累受阻，果实发育差，果形小。该社根据葡萄不同生长阶段的需肥特点，采用"设施葡萄水肥一体灌溉"，效果十分明显。③农药使用方法。以往人们使用农药以喷雾桶为主，喷洒不匀，进度缓慢。该社以预防为主，加强综合防治，配合药剂防治，采用大池药剂调配、"风送喷雾""农药残留检测"等技术，既节省了工时，

给力种植合作社社长 剧海江

给力种植合作社社长 剧海江

又提高了效果。在他们的精心培植下，葡萄第二年就结出果实，第三年进入丰产期，平均每棵葡萄产果 10 千克左右，年总产达 1.5 万千克。

突破传统销售模式，奋力开拓销售市场。葡萄果实季节性强，保鲜期短，一旦销售不及时，就会造成严重经济损失。该社为开拓市场，赢得信誉，一是建立自己的宣传网页，对自己种植的葡萄品种进行详细介绍，内容包括果实色泽、果粒大小、果粉层状、酸甜度等；定期定时发布葡萄的长势以及如何修剪、灌溉、施肥、喷药、药物性能等管理动态，让消费者近距离增进对葡萄的了解。二是严格质量检测程序，增强权威知名度。该社聘请石家庄果树研究所对他们的葡萄进行全程质量监督、检验，并将检

测结果及时发布在官方网站，更加突显质量保障的透明度。三是高起点定位市场。第二年少量果实开始采摘时，他们就将葡萄送到石家庄、北京等大型商场展销，该社的葡萄以果粒均匀、色泽一致、口感好、耐储存（即使储存 5 天，果梗依然翠绿，没有脱粒、霉变、腐烂现象，仍旧保持着它原有的商品性），博得了广大消费者的青睐。

该社严格执行商家对葡萄在采摘、修穗、分级、装箱、运输等方面所提出的标准；同时，他们还建立了葡萄质量追溯系统，客户通过条形码，就能查询到葡萄的产地、等级、包装负责人等信息。良好的信誉赢得了商家的一致好评和信赖。今年年初，北京、天津、石家庄等地的 20 多个大型商场就与该社签订了购销合同。目

前，葡萄已上市，这些商场都有他们的葡萄销售专柜。

二、永记初心，以科普惠泽父老乡亲

带动父老乡亲共同走上致富路，是剧海江种植葡萄的夙愿。

当初，乡亲们对剧海江种植葡萄都抱着观望态度，在种植的下半年就有很多老乡到剧海江的葡萄园参观、咨询种植技术。于是，剧海江就将建棚、育苗、管理、销售等经验进行系统整理，并把它上传到网站，供大家学习参考。其次，只要乡亲们有种植意愿的，剧海江就提前为他们培植好葡萄苗，让他们能及时用上放心、实惠的种苗。剧海江及该社人员还到乡亲们的种植地，实地为他们指导种植技术。遇到有专家、技术人员到剧海江葡萄园时，他就提前将这一消息告诉大家，让他们来听讲解、提疑问。每到管理关键节点时间，剧海江就及时为大家举办管理知识讲座。

目前，不仅藁城区葡萄种植面积扩大几十倍，而且正定、无极、晋州等周边县市葡萄种植也被极大地带动起来了，实现了经济效益、生态效益和社会效益多极共赢的目标。

三、倾力打造现代农业示范园，开拓农村发展新天地

几年来，剧海江倾情倾力打造集葡萄种植、观光采摘、特色示范于一体的现代农业示范园。经常组织该社成员外出参观学习，目的就是一个——丰富新农村的文化底蕴，将农村的生活装点得更丰富、更靓丽、更具内涵。

该社位于岗上镇故献村，南临307国道，北依石黄高速，距石家庄中心市区不足10千米，机场路与石黄高速出口与之毗邻，交通十分便利。每到采摘期，来葡萄园采摘的人们络绎不绝，他们在享受采摘乐趣的同时，也亲身体验着这里农村发展的新生活、新气象。

目前，该社正在筹备建设葡萄博物馆，主要项目包括：葡萄种植史；我国葡萄栽植主要品种及种植分布；简单的葡萄酒酿制工序及体验；葡萄籽深加工（提油和化妆品制作等）。让人们在体验休闲、观光、采摘乐趣的同时，了解、掌握更多的相关知识。

藁城宫面 千年传承 创新发展

——记河北晖御食品有限公司董事长吉利辉

河北晖御食品有限公司成立于2015年5月，占地约80亩，建有生产加工车间2 800平方米，展厅600平方米。公司位于石家庄市藁城区藁梅路与衡井线交叉口，西行2千米就是京港澳高速路口，交通便利。

"宫面"，是河北省藁城著名的汉族传统名产，已成功申请为河北省非物质文化遗产。据传，此面源于隋唐年间，距今约有1 500余年历史，唐、宋、明、清朝代曾以此进贡皇宫，故得名"宫面"。《藁城县志》曾有这样的记载："吾邑之挂面，系土人所艺，味极适口，相传数百载，曾进贡清皇室，故名产也。"

河北晖御食品有限公司是宫面生产专业企业，采用优质小麦粉做原料，即高产强筋小麦"藁优2018"面粉，该品种小麦饱满度好，面粉白度好，蛋白质含量16.5%，面筋筋性、

河北晖御食品有限公司

河北晖御食品有限公司

拉伸面积和延展性均优于其他优质麦品种，是制作宫面最理想的原料。该公司的宫面用此面粉做原料，配以食用盐、鸡蛋、水等（不添加其他任何添加剂，否则会导致宫面断裂），采用传统纯手工工艺制作而成，具有条细心空、耐煮不糟、味道鲜美、汤清面秀、嚼有口劲等特点。

手工工艺生产规范化、规模化是河北晖御食品有限公司的特色。以前的手工宫面生产商，大多是作坊式作业，卫生环境等食品安全条件无法保证。河北晖御食品有限公司已建成2 800平方米规模性的厂房设施，生产环境、卫生条件等均符合国家食品生产标准，食品安全系数得到了保障。该公司的产品为手工面，它的整个生产过程从和面、饧面、开条、盘条、上轴、分面、上架、烘干、下架、剪切、包装全部靠手工完成，与机制面相比，它的生产过程需要投入更多的劳动力，受天气因素制约更多，从而产量也就受到限制，但手工面的口感却是不可比拟的。目前，河北晖御食品有限公司的生产、包装工人已达近百人，"晖御"牌宫面日加工量达4 000千克，其中有菠菜面、紫薯面、红萝卜面、养生鸡蛋面等系列产品。2016年销售额达2 500万元。它的成功运营带动了附近200多户村民种植高产优质强筋小麦，增加了收入。现该公司的产品已远销全国各地。

2016年年初，河北晖御食品有限公司接受了CCTV证券资讯频道《品

宫面展示厅

牌力量》栏目组的采访；2016年年末，接受了河北交通频道的节目组的采访；2017年年初，接受了河北电视台的采访。通过3次电视台的采访，不仅扩大了宫面的知名度，同时，也印证了一个观点，消费者正在追求的是原汁原味的、古朴的、健康绿色的食品，而晖御人正在为满足消费者的追求而不懈努力着。

河北晖御食品有限公司在中国民俗"藁城宫面"产业园建立了一占地600多平方米的展厅，展厅内陈列着各种系列的宫面产品以及宫面的文化历史、人文故事、制作流程等，可以让走进这里的顾客在了解产品的同时，深深感受到浓浓的古代韵味。游览在宫面文化产业园内，白墙灰瓦，红亭绿柳，依偎在小桥流水旁，宛如一派江南美景。博物馆里陈列的老物件仿佛向人们诉说着当地悠久的历史。

该公司在继承传统宫面工艺的同时，也特别注重创新。2016年12月，公司参加了"知名院所校助推河北协同创新恳谈会"，并与天津科技大学成功签约"中国传统挂面（宫面）食品研究项目"，联合实施完成《发酵型挂面新工艺新产品研究开发》新课题。为实现传统宫面营养化、多样化，满足消费者的多方面需求，公司正在研发一批功能性新产品。

不久的将来，河北晖御食品有限

公司即将推出私人订制服务以及宫面制作流程体验环节，这样，不仅可以服务于更多的消费人群，还能让宫面文化不断得到传承与创新。宫面制作流程的体验环节，可以让大家充分地了解宫面常识，亲自体验手工制面的乐趣。

河北晖御食品有限公司的发展愿景：公司以"中国民俗（藁城宫面）产业园"为基础，以"为健康，做好面"为宗旨，秉承"纯手工，无添加"的企业理念，立志打造中国传统手工面产业化生产基地。

董事长吉利辉

做事先做人　奶品如人品

——记藁城区旭源奶牛饲养有限公司董事长底书勤

底书勤，女，53岁，石家庄市藁城区东蒲城村人，是远近闻名的女能人。2008年获得全国"双学双比"女能手称号；2009年获得省、市"三八"红旗手称号；2011年获得石家庄市优秀人大代表称号；2012—2015年，连续4年被评为石家庄市农民劳动模范和石家庄市市管拔尖人才；2015年荣获河北省优秀创业女企业家称号；2016年被评为河北省巾帼建功先进标兵。

旭源奶牛饲养有限公司董事长　底书勤

她泼辣能干，认真扎实学文化，学科技，艰苦创业，先后开办了旭源奶牛饲养有限公司和聚源养殖服务专业合作社，为当地农村剩余劳动力提供100余个就业机会，先后安排十余名大中专毕业生为企业管理人员。底书勤凭借自己的人格魅力，自2003年至今，连续几届被村民推选为值得信赖的妇联会主任。

2009年，经过多方市场调查，她发现养殖奶牛风险小、见效快，是本地农民的首选产业，但都是以户为单位，以家庭院落为饲养地，无论是养殖规模，还是防疫、喂养都处于较低水平，奶牛养殖业一度只能成为维持生计、养家糊口的行业，达不到以养殖致富的目的。底书勤认真分析和研究国家对发展规模养殖小区的惠民扶持政策，结合当时形势，认为投资奶牛养殖既有政策扶持，又有信贷支持，这是党和政府对农民的信任，自己也应该努力为推进农牧业结构调整作点贡献。为此，底书勤毅然投巨资成立了旭源奶牛饲养有限公司，建设了标准化奶牛饲养小区。2010年又筹资1 000多万元，占地150亩，建立了聚源养殖服务专业合作社，并与北京三元乳品公司就收购鲜奶进行了协商，达成了收购协议，形成了"公司

+农户"的经营模式和利益均沾、风险共担的激励机制，给养殖户们吃了一颗"定心丸"，从此掀起了群众踊跃进小区，发展奶牛养殖的热潮。在她的带领下，到2011年年底，养殖小区入驻奶牛多达1 000余头，日产鲜牛奶10吨，奶牛养殖初步形成了规模，养殖户经济收入有了很大提高。

在底书勤带领下，合作社还与周边农户签订了2 000亩地的种植协议，由合作社出资，提供玉米种子并回收玉米秸秆，牛粪还田，不仅实现了生态养殖，还使土地实现了转化增值，促进了当地经济的发展。

数年来，底书勤始终秉承"做事先做人、奶品如人品"的发展理念，以为消费者提供高品质牛奶为天职，

旭源奶牛饲养有限公司

健全制度，规范程序，从严治企。自公司成立以来，就实行了统一饲料、统一配种、统一防疫、统一挤奶和分牛计量的"四统一分"管理制度。并不断引进先进的生产技术和先进的管理理念，严格遵守国家法律法规，坚持合法诚信经营。为确保牛奶质量，公司建立了牛奶生产源头控制体系，安装了全方位电子监控系统，建立健全了牛奶质量控制措施，为生产高标准高质量生鲜牛奶打下了坚实基础。2013 年以来，该公司连年被三元乳品公司评为"优质奶"牧场。

旭源奶牛饲养有限公司 挤奶车间

为提高本企业员工素质，该公司对员工定期进行岗位培训。2015 年，公司选派骨干员工参加了藁城区农广校举办的新型职业农民培训班，有效提高了企业员工的养殖技术水平和守法意识。

坚持紧跟形势，不断改造创新。为了打造集牛奶生产与观光为一体的标准化牧场，2016 年，底书勤又投资 300 万，从国外进口阿菲金高智能挤奶设备一套，新建高标准牛棚两栋及生产与观光一体化的高标准奶厅一座，同时对厂区环境进行了较高标准的绿化和美化。

底书勤还特别热爱公益事业，多次救助残疾人士，捐资捐物，为平安养老院的老人捐资 2 000 元，受到社

旭源奶牛饲养有限公司 奶牛养殖场

会的广泛好评。

底书勤同志作为村妇女主任，事事发挥带头作用。为了丰富文化生活，自己掏钱买来服装、绸带和锣鼓，组织了秧歌队。现在白天的东蒲城是忙碌的，到处是致富辛勤劳作的身影，晚上的东蒲城是活跃的，到处都是锣鼓声，人们的欢笑声。丰富多彩的群众文化活动不仅凝聚了人心，也造就了乡间文明。几年来，在底书勤的感召下，该村邻里更加和睦，家庭更加团结，矛盾纠纷大大减少，全村涌现出文明家庭、和谐家庭30余户，好婆婆、好媳妇等先进个人近百名，为此，底书勤同志颇受村民和妇女同胞爱戴。

底书勤看到市场上不时出现不健康的奶制品，联想到自己有牧场，有新鲜的奶源，这么方便的条件，为什么不让周围老百姓喝上最新鲜、最放心、最健康的牛奶呀。底书勤经过深思熟虑、考察学习，于2015年10月成立了分秒健康奶吧，注册了"伊旭源"巴氏牛奶商标，以"自家牧场，当天新鲜牛奶"为优势，以"即时送达"为宗旨，以自产新鲜牛奶为原料，采用低温75～82℃巴氏杀菌法，进行深加工，生产液态巴氏奶和无任何添加剂的酸奶。有约即送，新鲜的巴氏牛奶，从挤奶、加工到送达周围村民

餐桌，最多不过两个小时，现在连城区的机关餐厅也喝上了他们新鲜的、无任何添加剂的牛奶。"做事先做人，奶品如人品"，这就是底书勤做人的宗旨。

正是由于底书勤的不懈努力，她的企业获得了社会认可。该公司2011年获评"河北省无公害畜产品产地认证单位""河北省奶牛标准化示范场"；2012—2016年连续5年获评"石家庄市农业产业化龙头企业"；2016年获评"河北省巾帼现代农业科技示范基地"；同年，被评为省级"优质鲜奶收购站"。

旭源奶牛饲养有限公司 产品展示

为了一个美丽的世界

——记石家庄市藁城区绿都市政园林工程有限公司董事长刘兵辉

刘兵辉，男，藁城区南洼村人，1975年出生，大学学历，市政公用专业建造师、园林工程师。2004年至今任石家庄市藁城区绿都市政园林工程有限公司法定代表人、董事长。2013年，河北省首批省委、省政府命名的、藁城区唯一的"河北省农村青年拔尖人才"。现为石家庄市委社情民意联络员，藁城区人大常委会委员。2012—2015年，该企业2次被河北省林业厅评为省林业重点龙头企业。

2015年，刘兵辉被石家庄市委、市政府评为"市管拔尖人才"。

1998年，刘兵辉大学毕业后，立志回乡创业。2000年，承包60亩土地建立苗木基地。2004年，成立藁城市绿都园林建设工程有限公司。2005年，该公司被河北省住房和城乡建设厅获准为国家城市园林绿化贰级资质，是本地规模化、标准化、专业化程度最高的企业之一。曾承建307国道藁城通安街至四明街标段绿化工

绿都市政园林工程有限公司董事长 刘兵辉

吹响现代农业发展的号角

56

刘兵辉 工作照

程，世纪大道杜村连接线工程，世纪大道绿化提升工程，307国道提升2标段绿化工程，石黄高速公路藁城段西出口绿化工程，石家庄滹沱河J标段绿化工程，石家庄市环城水系工程，石家庄槐安路绿化提升工程，等等。承建的工程中，石家庄槐安路绿化提升工程被建设主管部门评为省优质工程。307国道通安街至四明街标段绿化工程是3年大变样中的样板工程，曾得到市、县主要领导的表扬。当时，石家庄市曾组织所属各县（市）区主管城建的领导到该标段观摩、学习。在3年大变样工作中，此工程为藁城市城市绿化建设获得荣誉。

目前，该公司苗圃面积达1 000余亩，投入资金3 000余万元，安排农村剩余劳动力150人，建成华北地区最大的苗圃油松基地，并对油松进行造型，以提升产品的附加值，现有油松产值已达7 000多万元。为实现规模化、标准化、品牌化生产，提高周边群众支付能力，刘兵辉采用"公司＋基地＋农户"的合作方式，示范带动科技推广面积达1.1万亩，为2 000余户农民开辟了就业新渠道。

石家庄市藁城区绿都市政园林工程有限公司是《中国花卉报》常务理事单位。该公司在2015年度被评为"全国十佳苗圃"。在2016年京津冀蒙林木种苗交易会上，该公司生产的"独杆金银木"被大会组委会评为"十佳最具推广价值奖"品种。该公司生产的造型油松匠心独具、造型优美、创意新颖，深受广大用户好评，被园林部门有关领导作为指定产品。曾在石家庄新火车站、石家庄植物园、正定新区园博园、唐山世博园等多项重点绿化工程中广泛应用。该公司绿化产品已在国家商标局注册"嘉绿"商标。

为扩大公司知名度，在石家庄、天津、北京、唐山、张家口等市设立办事处，安排大学生就业34人。2014年为提升公司形象，投资300多万建设了公司办公楼。日前，公司实现了由单一的花木生产，向规划设计、绿化施工、养护管理等一条龙服务方向转变，产业链条不断延伸，市场竞争能力显著提高。同时，有力带动了

刘兵辉（右2） 工作照

本地花木产业蓬勃发展，实现了藁城南董镇由"花木大镇"向"花木强镇"的转变，极大提升了南董镇在苗木行业的知名度和美誉度。

刘兵辉（右3） 工作照

土里种出金疙瘩

——记石家庄市藁城区高玉村马铃薯种植大户邓秋争

邓秋争，石家庄市藁城区高玉村村民，一名看上去很普通的农民，却有着一股吃苦耐劳、永不服输、敢于创新的创业精神。工作中，他务实创新，坚持不懈，奋斗不息，在平凡的岗位上干出了不平凡的业绩；生活中，他乐于助人，无私奉献。在党的富民政策鼓舞下，他立足实际，勇于探索，调整种植结构，2015年种植错季马铃薯，带领周围村民致富。

努力学习，提高自我。只有高中文化程度的邓秋争，善于钻研，善于学习，经常搜集先进的致富点子，并多次到山东马铃薯种植基地进行实地考察，学习洋葱及甘薯栽培技术等，使自己的种植水平不断提高；同时，在农事活动中遇到了不懂的事情，便虚心向有关技术部门或其他村民请教，认真汲取别人的成功经验，为自己别出心裁的致富路打下了坚实的基础。

大胆创新，种植错季马铃薯。为了进一步提高土地种植效益，邓秋争

长丰家庭农场　农场主邓秋争

在专业技术部门的指导下，改变传统的一年两季粮食种植结构，探索"错季马铃薯—红薯"或"洋葱—红薯"种植新模式，获得成功，既解决了重茬病虫草害加重的难题，又增加了经济效益。

饮水思源，富不忘本。邓秋争在艰苦创业过程中得到了许多村民的支持和帮助，他在致富的道路上走在了前列。他也有着浓厚的家乡情结，饮水思源，总想着为乡亲们做点儿贡献。2014年，他发起成立了高玉常丰合作社，合作社拥有土地1 000余亩。他的种植新模式试验成功后，便引领大家改用新的种植模式，带领大家共同致富。

一、合作社对马铃薯栽培技术制定的统一标准

1. 选地与施肥

栽植地块应选麦茬、青玉米茬，不宜选菜茬和茄科茬，结合秋耕每亩地施2 000千克优质农家肥（播前亩施碳铵40千克，硫酸钾15千克）。根据试验表明，每生产500千克块茎，需要从土壤中吸收纯氮2.5~3千克，磷0.5~0.7千克，钾6~6.5千克，结合施肥加拌杀虫农药，以防止地下害虫的危害。

2. 播前催芽晒种

为了减轻霜害，防治病害，提高出苗率，延长生长日数，种薯应在播前18~20天出窖，进行早春暖炕或土沟薄膜催芽，催芽温度为16~18℃，室内催芽12天，室外晒种7~8天。

3. 小整薯播种

小整薯重量不低于35克，选用霜前株早收留种的小整薯最好。小整薯播种出苗率可提高13.8%，亩约能增产鲜薯130千克，束顶型退化株减少7.7%，环腐病发病率比切种少2.51%。

4. 种薯切块

晒好种后母薯要纵切，不得当腰横切，每块母薯重量宜在30~35克为宜，带1~2个芽眼。

5. 适期播种及深度

马铃薯的适宜播期应掌握在10厘米地温稳定在5℃左右进行，播种深度应掌握在10~12厘米。设施播种马铃薯视棚室条件，藁城区选择12月底播种，露天的适当推迟到3月初。一般晚熟品种早播，早熟品种晚播。这是因为早熟品种抗逆性弱，完成生长周期快，不抗旱，晚播可以调解结薯期与雨季对口，有利于增产；晚熟品种抗逆性强，结薯期长，早播可以延长生育期，提高产量。实行浅播种深培土，采用"聚垄集肥、分层培土、分层结薯，控氮、补磷、增钾、适密"，

有机、无机肥料集中利用的生态高额丰产栽培技术。

6. 合理密植

晚熟品种每亩 3 000 ～ 3 300 株，中熟品种每亩 3 500 ～ 3 800 株，早熟品种每亩 4 500 株。

7. 田间管理

设施马铃薯要及时通风。从萌芽至出苗需 28 ～ 33 天时间，这个时段的管理重点是：早锄、细锄、闷锄，提高地温灭净杂草；苗期管理的措施是中耕浅培土，视苗追肥浇水，培土压住第一层地下匍匐茎，如苗色不好，发现脱肥，每亩追氮肥 4 ～ 5 千克；现蕾至开花期追施少量氮肥，结合浇水，并中耕培土成垄，加厚根部周围的活化土层，保持地表温度和土壤通气良好，促进营养向块茎积累，提高大、中薯率。

8. 病虫害防治

晚疫病、蚜虫的防治方法：根据种植区域，马铃薯晚疫病和蚜虫发生时间一般在出苗 40 天后，每隔 7 天喷洒杀虫剂和杀菌剂 1 次，药剂要交替使用，防治植株产生抗药性。

9. 适时收获与科学贮藏

地上秧蔓变黄开始收获，马铃薯收获后无论做种薯还是商品食用，均不能立即下窖，食用薯晾晒 4 个小时，做种薯的可在闲散的房屋内通风晾 7 ～ 10 天，使表皮木栓化然后入窖。

贮藏量要适当，贮量不得超过窖容量的 2/3，给予充分的空间和块茎换气的余地。

窖内温度：零下 1 ～ 2℃ 块茎受冻，高于 8℃ 时，薯块呼吸强盛，皮孔开张，受细菌感染，容易腐烂，已通过休眠的块茎大量发芽，消耗块茎内的淀粉。适宜的温度是 1 ～ 4℃，在此窖温条件下，块茎鲜活，翌年生长势健壮。

二、合作社对洋葱栽培技术制定的统一标准

1. 洋葱育苗

（1）播种期。播种日期要根据当地的温度、光照和选用品种的生育期长短而定。洋葱对温度和光照都比较敏感，因此，秋播对播种期的选择十分重要，既要培育有一定粗壮程度的健壮秧苗，又要防止秧苗冬前生长发育过大，通过春化阶段，到第二年春季出现先期抽薹。藁城区一般在 9 月中旬播种，掌握苗龄 50 ～ 60 天。

（2）苗床准备。苗床应选择地势较高、排灌方便、土壤肥沃、近年没有种过葱蒜类作物的田块，以中性壤土为宜。苗床地块基肥施量不宜过多，避免秧苗生长过旺，一般每 100 平方米苗床施有机肥 300 千克，过磷酸钙 5 ～ 10 千克。耕耙 2 ～ 3 次，把基肥和土壤充分掺拌均匀，耕深 15 厘米左右。然后耙平耕细，做成宽

1.5～1.6米、长7～10米的畦，即可播种育苗。

（3）播种方法。播种方法一般有条播和撒播2种。

①条播：先在苗床畦面上开9～10厘米间距的小沟，沟深1.5～2厘米，播籽后用笤帚横扫覆土，再用脚力将播种沟的土踩实，随即浇水。

②撒播：先在苗床浇足底水，渗透后撒细土一薄层，再撒播种子，然后再覆土1.5厘米。为了加快出苗，可进行浸种催芽，浸种是用凉水浸种12小时，捞出晾干至种子不黏结时播种；催芽是浸种后再放在18～25℃的温度下催芽，每天清洗种子1次，直至露芽时即可播种。

③播种量：掌握好播种密度是秧苗质量好坏的关键，播种密度关系到秧苗的壮弱及抽薹，密度太高，秧苗细弱，密度太稀，秧苗生长过粗，容易抽薹。一般每100平方米的苗床面积撒播种子600～700克。苗床面积与栽植大田的比例，一般为1：（15～20）。

（4）苗期管理。播种后一定要保持苗床湿润，防止土面板结影响种子发芽和出苗。要等到幼苗长出第一片真叶后，才可以适当控制浇水。当幼茎长出约4～6厘米，形成弓状，称为"拉弓"；从子叶出上

到胚茎伸直，称为"伸腰"。一般在播种前浇足底水的，播种后一般不浇水，到"拉弓"变"伸腰"时再及时浇水，这样才能确保全苗。播种前底水不足或未浇水的，一般在播种后到小苗出土要浇水2～3次。幼苗期结合浇水进行追肥，促进幼苗生长。施肥量每亩氮肥10～15千克，或腐熟有机肥1 000～1 300千克。幼苗长出1～2片真叶时，要及时除草，并进行间苗，撒播的保持苗距3～4厘米，条播的约3厘米。

2. 整地施肥

洋葱不宜连作，也不宜与其他葱蒜类蔬菜重茬。洋葱根系浅，吸收能力弱，所以耕地不宜深，但要求精细。秋季栽培，在前茬作物收获后进行耕地，耕深15厘米左右。耕地后即行耙平做畦，畦的大小根据各地的气候和地块的灌排条件而定，一般可做成宽2米、长10米左右的宽畦，以提高土地利用率，增加单位面积的栽植株数。如需进行间作套种，则应根据间作套种作物的要求，决定畦的宽度。栽植前结合耕地施好基肥，基肥的施用量应根据土壤肥力和基肥种类不同而决定。一般每亩可施优质的有机肥1 330～3 340千克，再混入过磷酸钙16～20千克及适量钾肥。使用基肥，采取普遍撒施，然后在耕地时充分搅

和耙匀，使土壤与肥料均匀混合。

3.定植

（1）分级选苗。定植时要选取根系发达、生长健壮，大小均匀的幼苗；淘汰徒长苗、矮化苗、病苗、分枝苗，生长过大过小的苗。并按幼苗的高度和粗度分级，一般分为三级：一级苗高 15 厘米左右、粗 0.8 厘米；二级苗高 12 厘米左右、粗 0.7 厘米；三级苗高 10 厘米左右、粗 0.6 厘米。分级后可以把同样大小的苗栽种在一起，以便进行分类管理，促使田间生长一致。

（2）定植密度。洋葱植株直立，合理密植是洋葱丰产的关键措施之一，增产效果显著。一般行距 15～18 厘米，株距 10～13 厘米，每亩可栽植 3 万株左右。应根据品种、土壤、肥力和幼苗大小来确定定植的密度，一般早熟品种宜密，红皮品种宜稀，土壤肥力差宜密，大苗宜稀。要在保持洋葱个头在一定大小的前提下，栽植到最大的密度。

（3）定植时间。秋季栽植的时间以栽植后能使根系恢复生长，上部植株未生长来确定。过早定植，植株开始生长，越冬苗过大，第二年容易发生先期抽薹现象；过迟定植，根系尚未恢复生长，易受冻害。一般以严寒到来之前 30～40 天定植为宜。藁城区一般定植时间为 11 月中旬。

4.田间管理

（1）浇水。洋葱定植以后约 20 天进入缓苗期，由于定植时气温较低，因此不能大量浇水，浇水过多会降低地温，使幼棵缓苗慢。但是，刚定植的幼苗新根尚未萌发，又不能缺水。所以，这个阶段对洋葱的浇水次数要多，每次的浇水量要少，一般掌握的原则是不使秧苗萎蔫，不使地面干燥，以促进幼苗迅速发根成活。秋栽洋葱秧苗成活后即进入越冬期，要保证定植的洋葱苗安全越冬，就要适时浇越冬水。越冬后返青，进入茎叶生长期，这个阶段对水分的要求是，既要浇水，促进生长，又要控制浇水，防止徒长。控制浇水的方法叫"蹲苗"，蹲苗要根据天气情况，土壤性质和定植后生长状况来掌握，一般条件下，蹲苗 15 天左右。当洋葱秧苗外叶深绿，蜡质增多，叶肉变厚，心叶颜色变深时，即结束蹲苗开始浇水。以后一般每隔 8～9 天浇 1 次水，使土壤见干见湿，达到促进植株生长，防止植株徒长的目的。采收前 7～8 天要停止浇水。

（2）施肥。洋葱对肥料的要求，每亩需氮 13～15 千克、磷 8～10 千克、钾 10～12 千克。洋葱定植后至缓苗前一般不追肥，到春季返青时，结合浇返青水，再施一次返青肥。

（3）中耕松土。疏松土壤对洋葱根系的发育和鳞茎的膨大都有利，一般苗期要进行3~4次，结合每次浇水后进行；茎叶生长期进行2~3次，到植株封垄后要停止中耕。中耕深度以3厘米左右为宜，靠近植株处要浅，远离植株的地方要深。

（4）除薹。对于早期抽薹的洋葱，在花球形成前，从花苞的下部剪除，或从花薹尖端分开，从上而下一撕两片，防止开花消耗养分，促使侧芽生长，形成较充实的鳞茎，同时，适时喷洒地果壮蒂灵。实践证明，对于先期抽薹的植株，采取除薹措施后，仍可获得一定的产量。

5. 防治病虫害

洋葱常见的病害有霜霉病、紫斑病、萎缩病、软腐病等，常见的虫害有蓟马、红蜘蛛、蛴螬、蝼蛄等。在进行田间管理时，要细心观察各种病虫害的发生情况，发现病虫为害，要及时防治，采取物理、生物、化学防治相结合的方法，保证洋葱秧苗的健康生长，达到丰产的目的。

（1）洋葱霜霉病。

①症状：病斑呈苍白绿色，长椭圆形。严重时波及上半叶，植株发黄或枯死，病叶呈倒"V"形。湿度大时，病部长出白色至紫灰色霉层。鳞茎染病后变软，植株矮化，叶片扭曲畸形。

②防治：发病初期喷洒90%三乙磷酸铝粉剂400~500倍液，或75%百菌清粉剂600倍液，50%甲霜铜800~1 000倍液，72.2%的普力克水剂800倍液等药剂，隔7~10天/次，连续防治2~3次。

（2）洋葱灰霉病。

①症状：初期在叶上着生白色椭圆或近圆形斑点，多由叶尖向下发展，逐渐连成片，使葱叶卷曲枯死。湿度大时，在枯叶上生出大量灰霉。

②防治：发病初期轮换喷淋50%多菌灵或70%甲基硫菌灵500倍液，必要时还可选用50%速克灵或50%扑海因及50%农利灵1 000~1 500倍液喷雾，效果较好。

6. 采收

大田马铃薯洋葱采收一般在5月底至6月上旬。设施马铃薯一般5月中旬收获。当洋葱叶片由下而上逐渐开始变黄，假茎变软并开始倒伏；鳞茎停止膨大，外皮革质，进入休眠阶段，标志着鳞茎已经成熟，就应及时收获。洋葱采收后要在田间晾晒2~3天。直接上市的可削去根部，并在鳞茎上部假茎处剪断即可装袋出售。如需贮藏的洋葱，则不去茎叶，当叶片晾晒至七八成干时，可将茎叶编成辫子，悬挂在通风、阴凉、干燥的地方，称为挂葱，或者袋筐贮藏。

三、2种种植模式亩经济效益分析

传统"小麦-玉米"模式，小麦亩产550千克，2.4元/千克，亩效益1320元；玉米亩产600千克，1.6元/千克，亩效益960元，总效益2280元。新型"洋葱-红薯"模式，葱头亩产4250千克，葱头批发价0.76元/千克，亩效益3230元；红薯亩产3750千克，批发价1.6元/千克，亩效益6000元，总效益9230元。新型"马铃薯-红薯"模式，马铃薯亩产2250千克，批发价2.4元/千克，亩效益5400元；红薯亩产3750千克，批发价1.6元/千克，亩效益6000元，总效益11400元，见表1和表2所示。

通过2种种植模式亩经济效益分析，新型种植模式明显比传统种植模式经济效益要高，也得到了许多村民的响应与赞扬。

表1 传统种植模式亩经济效益分析

小麦	费用（元）	玉米	费用（元）
种子	50	种子	45
肥料	160	肥料	160
耕作管理费	140	耕作管理费	20
植保费	35	植保费	35
水电费	45	水电费	45
收割费	65	收割费	80
其他费用	50	其他费用	50
合计	545	合计	435
纯利润	775	纯利润	525

表2 新型种植模式亩经济效益分析

马铃薯	费用（元）	红薯	费用（元）	洋葱	费用（元）
种子	100	种子	380	种子	340
肥料	320	肥料	0	肥料	320
耕作管理费	400	耕作管理费	100	耕作管理费	900
植保费	40	植保费	0	植保费	10
水电费	36	水电费	12	水电费	72
收割费	40	收割费	275	收割费	255
大棚及其他费用	1 750	其他费用	100	其他费用	100
合计	2 686	合计	867	合计	1 997
纯利润	2 714	纯利润	5133	纯利润	1 233

韭菜中的"扛把子"

——记石家庄市藁城区大常安村韭菜种植大户张永军

大常安村韭菜种植大户 张永军

张永军，石家庄市藁城区大常安村人，今年47岁。要说他和韭菜的缘分，那是从十几年前开始的。那时候，由于常年种植小麦、玉米等粮食作物，土地收益甚微。怎样才能改变这种现状呢？张永军思考着……

为了提高土地种植效益，2001年，他率先在本村开始了韭菜的种植，由于经验不足，栽培过程中出现了一些问题，但是他并不因此灰心丧气。他找资料，访能人，从对韭菜品种的选择，到田间管理、病虫害防治，他都要一一弄个明白，并将这些知识运用到实践中，这年，他种植韭菜获得成功，收到了较好的经济效益。村里人看到这是一条致富的新路子，于是也都开始种韭菜。张永军也将自己的露地韭菜扩大到10多亩，大常安村很快发展到了1万多亩。

2012年，一次偶然的机会，张永军看到市场上早期设施韭菜销售价格很高，他产生了改韭菜露地栽培为设施栽培的想法。他没有经验，就采取走出去、请进来的方法，多次到山东寿光、邯郸永年、沧州肃宁、唐山乐亭等地学习考察韭菜种植技术，并多次聘请专家亲临指导。他在自己的4亩地上建起了当地的第一个网状拱棚，当年建拱棚投入12 000元，到秋季盖棚膜延晚栽培近25天，当时韭菜价格近4元/千克，亩收韭菜2 800千克，亩收入1万多元。2013年春季又提前了近20天上市，亩收韭菜2 500千克，价格约3.4元/千克，亩收入约8 500元，与露地韭菜相比，每亩可增收2万余元。张永军更加信心倍增，他不断扩大种植规模，现已发展到20多亩。

种植韭菜，说起来简单，具体操作就不那么容易了。韭菜抗旱能力较差，且容易遭受病虫害，一旦管理不当，就会造成减产减收。为了避免造成损失，提高产出收益，张永军刻苦学习相关知识，他上网查询相关信息，

同时，虚心向种植经验丰富的老乡及有关农业部门专家请教，还不断参加农村实用技术、劳动技能培训班，深入了解韭菜病虫害发生的原因与科学种植韭菜的方法，以此来丰富自己的种植经验，提高自己的种植水平。防治韭蛆是韭菜种植的一大难题，为了有效防治韭蛆为害，降低农药残留，张永军在种植过程中认真观察和研究韭蛆的生长规律，发现韭蛆具有趋有机肥、怕干旱的特性，在掌握发生规律的前提下，他通过合理施肥、浇水，在很大程度上减轻了其为害性，再配合上其他防治技术，可将韭蛆的为害控制在一定程度内。

随着种植经验的不断丰富，他种出的韭菜不仅品质好，而且产量高，乡亲们无不称羡，并深受广大消费者欢迎，他自然也取得了较好的经济效益。

张永军常说，自己富了，不能忘了上级领导的支持，不能忘了乡亲们的帮助。他在多年的种植生涯中，以身作则，言传身教，带着农民干，做给农民看，为农业增效、农民增收、产业结构调整作出了积极贡献，受到了各级干部和群众的一致好评。面对各种荣誉，张永军说："我取得这点成绩是大家支持、帮助的结果，我只不过做了些我自己应该做的事情，我

需要走的路还很长很长……"正是这朴实的话语成了张永军同志继续前进的动力。如今，他正用实际行动，按照自己的人生信条，继续在人生的坐标上追寻着属于真正自我的那一个闪光点——心系广大农民群众，切实为服务"三农"尽自己的一份绵薄之力，使共同富裕之路越走越宽。

在发展网状拱棚韭菜栽培的过程当中，他总结出了一些经验，在这里分享给大家。

第一，覆盖防虫网，是防治害虫的有效措施，且能减少农药投入。

第二，秋延后和春提前均在 20 天左右，正是价格高峰期，是一种有效增收方式。

第三，拱棚的秋延后和春提前恰好赶上农闲季节，用工成本较低，比平时能减少 20% 的工资投入。

第四、网状拱棚韭菜栽培结合使用烟碱苦参碱生物农药，此药物成分经过了相关部门的检测，生产的韭菜足以达到绿色标准。

善于探索　勇于实践

——记藁城区常安镇东辛庄村蔬菜种植大户孙志强

石家庄市藁城区常安镇东辛庄村孙志强，是一位善于探索勇于实践的农民，他凭借着多年的蔬菜种植经验，大胆实践，调整冷棚蔬菜种植结构，探索总结出"松花—番茄—松花"三茬高产高效栽培模式，获得了较好的经济效益。

多年以来，东辛庄村就有种植蔬菜的传统。种植蔬菜的经济效益明显高于种植粮食，因此，蔬菜种植的迅猛发展使广大菜农受益不小。孙志强做了多年蔬菜种子和农资生意，也有丰富的蔬菜种植经验，就在他腰包渐渐鼓起的时候，他又开始思考一个新的问题——怎样在土地上获取更高的经济效益？这些年来，菜农一般采用传统的一年两茬种植模式，虽说比种粮食收益高，但想进一步提高效益是很困难的，因此，农民快速致富奔小康的愿望就很难实现。在这种情况下，善于探索的孙志强萌生了一种念头：改一年两茬为一年三茬是不是会获得更大的经济效益？他开始谋划了，他

善于探索勇于实践的农民　孙志强

下定决心要试一试。

2014年春，他按照自己的思路——"松花—番茄—松花"一年三茬的模式开始了他的实验，腾出了2亩冷棚，于同年3月20日左右，定植了松花菜，从定植到上市历经了两个多月的时间，但是这时松花就已经普遍上市了，他的松花并没有给市场很大的吸引力，即便是质量很好的菜

花价格低到 0.4 元 / 千克，甚至都找不到销路，等到松花卖完，已经错过了越夏番茄预计定植时间。随之，秋季的松花菜也延迟种植了。这年，他的试验没能成功。

但是他没有放弃，他反复琢磨失败的原因。他觉得应该在"春提前"上做文章，如能将春植时间再推早一个多月，效果应该就理想了。可每年2月棚室温度不够，怎样才能使得棚室的温度上升呢？他带着这个问题来到藁城区农业高科技园区，向石吉皂老师说明了自己的来意，石老师对于他的想法进行了肯定，并对他当时失败原因进行了分析，有为他设计了一个方案。在石吉皂老师的指导下，他先是对棚室进行了加工改造，使得棚

室的温度有了提升，于是在2016年早春2月15日左右再次定植松花，这次由于棚室温度合适，松花生长正常。而且2—5月对于松花生长来说也较有利，病虫害的发生概率较小，操作管理也方便，更是节省了人工，这使孙志强感觉已成功了一大半。这批松花菜于4月上市了，与当地传统菜花相比上市时间提前了，销售价格也不错，每千克卖到3.6元，这次每亩地获得了13 000多元的收入，这一茬松花获得了如此高的经济效益后，他对这样一种模式的信心就更足了。

接下来，他在5月1日前后开始定植番茄，这个时候种植的番茄，不但植株健壮，而且长势旺盛，操作也简单，管理起来也方便，在7月上中

孙志强收割茴香

旬开始上市，直到 8 月下旬，销售价格相对来说也比较合理，每千克的平均价格为 1.6 元，与传统番茄种植相比，这种茬口在种植时间上延后了，但上市时间与传统上市时间错开了，因此经济效益有很大的提高，比传统上市时间平均价格约高出 0.6 元／千克，每亩地收入约 1.7 万元。两茬下来，2 亩地获得了近 5 万元的收入，除去各项支出，利润在 3.5 万元左右，这完全超出了他的预想。

8 月下旬番茄拉秧，9 月初他又定植了 1 亩松花、1 亩茴香，到 11 月份松花、茴香上市，销售价格均在 5 元／千克左右，1 亩松花菜卖了 1.5 万元，1 亩茴香卖了 8 000 多元。两亩冷棚采用一年三茬的高产高效种植模式，获得了高达 8 万元的收入，除去各项开支，利润约 5 万元左右。

孙志强的实验成功了，这次成功来自于他的奋发进取，来自于他的坚忍不拔。他收获的不仅仅是金钱，更令他喜悦的是为自己、也为乡亲们又找到了一条增收致富路。在这里他愿意将自己多年种植松花菜的经验公布出来，供大家参考学习

1. 早春松花菜的种植管理

首先选择中早熟品种，一般定植时间为每年 2 月 15 日至 3 月 15 日，棚内温度为 15～25℃，定植密度每亩

2 200 棵左右，底肥施用 25 千克三元素平衡复合肥，定植后幼苗期多锄地少浇水，中苗时追施 25～35 千克三元素复合肥。种植过程中注意通风放风，避免棚内湿度过大，湿度过大容易引起病害，即便早春虫害较少，但也不能掉以轻心，同时，注意防治病虫害。

2. 秋延后松花菜的种植管理

秋延后松花比早春松花管理复杂一些，在定植时要浅栽，深栽容易致死。同时，也要注意防治病虫害，最好是在大棚两侧用上防虫网，可有防止外界虫子进入棚室内，虫害的化学防治可用吡虫啉和阿维菌素等杀虫剂。病害常有黑腐病、黑斑病等，防治病害常用代森铵乙膦铝或农用链霉素等杀菌剂。

孙志强的办公室

踏上致富路，念活致富经

——记藁城区岗上镇西辛庄村蔬菜种植大户马永波

马永波，一个普普通通的农民，1975年3月出生在河北省石家庄市藁城区西辛庄村一个普通的家庭，少年时就头脑灵活，肯于吃苦，踏实肯干，遇事爱钻研，看问题比一般人看得较远。高中毕业后，即到外地去打工，在外闯荡多年，但没有一项工作能让他顺心顺意，思前想后，最后他选择了放弃，主要原因不是嫌工资少，就是感觉给别人打工始终实现不了自己致富的理想。那么马永波是怎样走上致富路的呢？

一次偶然机会，马永波在串门时看到朋友家种的葡萄时，不仅规模大，产量高，而且经济效益好。他的灵感被触动，"要是自己能有一个葡萄园那该多好啊！"使用大棚种植葡萄，可以使葡萄提前成熟，提前上市，价格比传统种植模式高出不少。大棚种植的葡萄不仅具有果品优质、绿色、果粒完整度高、口感好等优点，而且自然灾害和病虫害较少，便于管理。这使马永波看到了葡萄种植的广阔前景。他想，这不就是自己多年想找的

致富能手 马永波

马永波现场指导

一条致富好路子吗？

西辛庄村民有多年的番茄大棚种植历史，马永波本身也具有丰富的大棚种植管理经验。他思考着……只要自己肯学习，肯钻研，改进一下种植模式和种植技术，将来的结果应该会不错。经过认真考虑，马永波确定了自己的奋斗目标。那段时间马永波一有空就到朋友家去，向朋友的父亲请教葡萄种植技术。一开始，朋友的父亲不是很乐意讲，但马永波从不放弃，坚持登门请教，最后老人家被他的真诚所感动，将葡萄种植技术倾囊传授。

2005 年，岗上镇政里鼓励并扶持农户调整产业种植结构，发展高效设施农业。马永波感觉这是个良机，便毅然决定投资种植葡萄。他多方筹资，把自家的 1 亩 6 分地种成了葡萄，这是他的试验田，也是他的希望和寄托。为此，他下功夫学技术，遇到不懂的问题就向自己的老师请教，遇到难题就跑到岗上镇农林技术站向技术人员请教，该施肥了、该打药了、该修剪了、该疏果了，他都会及时把技术人员请到地里做现场指导，自己边学边干。汗水没有白流，他成功了！他种出来的葡萄品质优，外观美，上市早，"人无我有"价值高。终于，在别人羡慕的目光中，他摘下一串串鲜艳欲滴的葡萄，拿到集市上去卖，几天后就有人打听着来买或是收购，他的葡萄很快就卖完了，挂果第一年就实现收入 5 000 元，这让他和周围的群众看到了希望。2008 年，挂果第二年，他的 1 亩 6 分地葡萄产果 1 500 千克，因为，市场行情好，光葡萄就收入 9 000 多元，加上套种的蔬菜，混合收入达到 10 000 余元。

2008 年秋，镇里组织技术员、村干部、农业产业种植带头人，到外地考察学习蔬菜水果种植先进经验，马永波作为种植带头人前往考察学习。此行，外地葡萄园区产业化和规模化种植让他大开眼界，尤其人家的先进种植技术和管理方式更是让他叹为观止，没想到，葡萄还需要用科学化、正规化、产业化、信息化来种植和管理。看到外地的葡萄产业化种植规模和巨大的发展前景，更加坚定了他发展葡萄产业的信心和决心。回来后，马永波在原来的基础上又承包了本村村民的 10 亩地，扩大葡萄种植规模，利用科学的管理种植模式，大胆尝试。通过不懈的努力，他的葡萄

年收入达到了 10 万元左右，他再次收获了成功的喜悦。霎时间，他和他的葡萄成了乡亲们议论的焦点，全村人从他身上看到了发展葡萄产业的希望。他也成为遐迩闻名的"牛人""致富能手""有钱人"。

2008 年年底，在岗上镇大力扶持和发展农业产业政策的指引下，他又带头并主动鼓励周围农户积极发展葡萄产业。他给村民讲解了赴外地观摩学习的所见所闻和葡萄发展的前景，还掰起指头给大家算起了经济账："小麦最高亩产 600 千克，按每千克 2.4 元计算，亩收入不到 1 500 元，除去化肥、种子、农药、机耕、水电等费用，净落不过 800 元左右。玉米亩产 500 千克，按每千克 1.6 元计算，亩收入不过 800 元左右，扣除各项开支，净利润不过 400 元左右，两项加

马永波现场指导

起来亩收入不过千余元，这还不算农民自己的劳动力。而定植 3 年的红提葡萄，亩收入近 6 000 元，至于到丰产期，则收入更高，亩收入可达万元，是种粮收入的数倍。种植葡萄不仅效益显著，而且省水，成龄葡萄选用滴灌技术，全生育期需水 200 立方米，小麦全生育期需水 800 立方米，是葡萄的 4 倍。在农田每投入 1 立方米水，种小麦产值为 2.5 元。而种葡萄产值为 12.5 元，为小麦的 5 倍。如果种葡萄每立方水产值为 25 元，则更是小麦的 10 倍"。

在葡萄种植经营管理上，他大胆地研究新技术，引进新品种，不断地积极探索葡萄种植的高效新模式。他还告诉大家，如果谁家有啥困难需要啥技术，都可以来找我，只要我能为大家解决的，我一定竭尽全力，如果我解决不了的，我也会想办法为大家去协调解决。他的增收对比帐和热情深深地打动了村民，极大地激发了群众种植葡萄的信心和热情。在他的带动下，全村群众种植葡萄的积极性空前高涨。目前，全村优质葡萄种植面积达到 1 000 余亩。

马永波通过自身不断地努力和学习，掌握了扎实的葡萄种植技术。2013 年，马永波联合另外 3 人流转了 200 亩地，建起了大棚，全部种植了不同品种的葡萄。目前，葡萄已进入丰产期，前景喜人。

马永波种植葡萄不仅富裕了自己，还带动了全村葡萄产业的大发展。他对葡萄栽培技术十分讲究，在实践中摸索经验，然后热心指导他人，实现了依靠科技共同致富。2014 年 10

葡萄温室大棚

月，藁城区农业局把他的葡萄种植示范点作为全区新农村建设人才实训基地，一时间前去参观学习的群众络绎不绝，有本村的、外村的，还有其他乡镇的，也有其他县市的，有时一天接待好几批人，马永波并没有因此感到厌烦，而是感到无比的自豪。与此同时，他在园区的田间地头现身说法，为广大群众和游客精心讲解传授葡萄种植技术，从苗木栽植到抹芽定枝，从整形修剪到枝蔓引绑，从浇水到叶面喷肥，从秋季修剪到冬季越冬，一一给农户讲解。他不但给群众讲清楚该怎么做，还要讲明白为什么要这么做。只要参观学习的群众有需要的技术，他都不厌其烦的讲解，直至他们明白为止。他朴实、无私的高尚情怀受到了广大群众的一致好评。2015年，他的葡萄种植示范园被河北省农业生态环境与休闲农业协会评为"河北省四星级休闲农业采摘园"。

他致富不忘众乡亲，现在马永波已经记不清他到底为多少农户讲解了多少场次。有人说他傻，说他把技术都传授给别人，别人都种上了葡萄，他的葡萄就卖不到好价钱了。他说："区党委政府、区农林畜牧局、镇党委、镇政府千方百计地为我们过上好日子出谋划策，为我们指出了一条致富的路子，在这条路上光我富了不行，我要帮助和带领乡亲们共同致富"。

如今，为了带动促进周边农民科学种植葡萄，每当有人问到种植葡萄经验和窍门时，马永波随手就从衣服兜里拿出一个小本本。原来，从一开始，他就对购进葡萄苗的品种、价格、成活率、物候期、生长、施肥期、开花坐果期、病虫害防治等技术都做了详细记录，密密麻麻记了厚厚一本。结合本地实际。马永波总结出了葡萄栽培管理3个方面的先进做法。

（1）改变传统整枝修剪法。修剪分为冬季和夏季，掌握4个原则，根据修剪的目的进行；根据各个品种的生物学特性不同进行；根据树势的强弱进行；根据枝质、棚架进行。

（2）改变传统施肥方法。以往传统的施肥方法，在生长期不注意肥料比例配备，以氮肥为主，其结果是：新梢旺长，果实养分积果受阻，发育差，果形小。因此，根据葡萄需肥特点及其需求进行，方能增产增效。

（3）改变农药使用方法。以往人们使用农药以喷务桶为主，喷雾不均衡，进度缓慢。他是以预防为主，加强综合防治，配合药剂防治，采用大池药剂调配，用机泵喷洒，既省工时又提高效果。他将自己的栽培新技术，毫无保留地传授给葡萄种植户。他说，自己葡萄种植再好，社会价值也不大，带动大家种，共同提高经济效益，这才是我种葡萄的夙愿。

　　一位普通农民种葡萄种出了"名堂"。成功的背后包含着他多年来在葡萄引种上的潜心研究和坚持不懈。马永波说："种葡萄只要抓住两点就不愁赚钱：一是提高科技含量；二是加强种植管理。我种的葡萄由于运用了新技术，葡萄果大、味甜，亩产一般在 2 000 千克以上，比其他人种的葡萄提早 2 个月上市。你算算看，收入大不大？"目前，在马永波带动和感召下，西辛庄种植的葡萄已经成为了该村的支柱产业。

　　面对所取得的成绩，马永波并没有骄傲自满、裹足不前，他说他的技术还不够精湛，他要继续潜心钻研葡萄种植技术，他要把精湛、到位的技术传授讲解给大家，他要通过自己的努力让西辛庄的葡萄走出岗上镇，走出藁城区，走出河北省，走向全中国，为农民创出一条增收致富路。

　　马永波用自己的实际行动给自己的人生上交了一份合格的答卷，他用自己辛勤的汗水和孜孜不倦的求知精神书写了一段精彩人生。

农业上的女英豪

——记石家庄市藁城区贯庄村蔬菜种植大户薛翠巧

贯庄是石家庄市藁城区有名的蔬菜种植专业村，村里家家有拱棚，户户种蔬菜，仅拱棚就有4 000多个，蔬菜种植面积达5 000余亩，年产量达1.5亿千克，其中仅黄瓜产量就达到5 000万千克。这里的村民在蔬菜种植方面积累了自己独有的经验，薛翠巧便是其中的佼佼者之一。

蔬菜种植能手 薛翠巧

她与蔬菜种植的渊源，还要从1993年开始说起，那时她才刚刚结婚，当时贯庄村种植蔬菜的还少，还是一个主要种植大田粮食作物的小村庄。当时蔬菜种植是城郊型的，贯庄距城市相对较远，不具有发展蔬菜种植的地理和区位优势。但薛翠巧的思路与众不同，他看到种蔬菜的确比种粮食收入高，她觉得世上无难事，只怕有心人。基于这种思路，他决心试一试，闯一闯。于是开始了黄瓜的种植，先是从种植露地黄瓜开始的。为使黄瓜提早上市，一开始她采用露地小拱棚，提高地温，然后沿用竹竿搭架，黄瓜绕蔓，这样的操作流程极为耗费人力。

随着人工费的上涨，她又独出心裁，改用竹筒搭架，在不栽种黄瓜时可以用来栽种叶菜。

当时黄瓜的种植是一年两茬，冬季土地被闲置。为了消除这种弊端，薛翠巧又改进了小拱棚。当时的小拱棚都是由竹片拧成的，人在里面不能直立行走，只能弯腰干活，这样对于操作的方便性便有了极大地限制，薛翠巧想改变这种现状，但是当时人们掌握的蔬菜种植知识较少，技术水平偏低，为了改进小拱棚，她也是多方学习，最终形成了竹筒结构的小中棚，这样极大地方便了人们在棚室里的操作。薛翠巧仍没有满足既得的成绩，她为了把菜种得更好，借助一切可以学习的平台：电视、报纸、蔬菜种植书籍，努力学习种植技术和棚室建造的新方法，尔后和丈夫一起，在自家的地里建了一个占地0.3亩的小型日光温室，从平山买来稻草，打成草苫，盖在温室上保温。温室里不但能种植还能用来育苗，当时，在村里这是比较先进的。由于种植效果比较好，吸引了村里一些人到她那里参观学习。她毫不保留，主动将自己的经验分享给乡亲们，这样村里又陆续有几家建造了小型日光温室。

随着贯庄村蔬菜种植规模的逐步扩大，人们对于棚室结构的改变有了更加清楚地认知，棚室结构由原来的竹片小拱棚结构改进为竹筒结构的小中棚，已经可以进行机械化耕作；到2003年，棚室进一步升级改造为水泥棚边立柱和水泥支架加竹筒的中型棚室，2015年又和藁城区农业高科技园区合作建造了双模覆盖大棚，更加促进了当地棚室结构的改变。

她通过去沧州青县等地参观学习，又诞生了新的三膜覆盖技术，使贯庄村春季蔬菜定植由过去的3月15日左右提前到2月15日左右，秋季采收时间向后延迟到11月底。蔬菜种植实现了春提前、秋延后，不仅提高了土地利用率，也大大提高了土地产出效益。

薛翠巧奋发进取的性格，决定了她永远不会满足于现状，她又有了新的想法。她想要使当地的农民获得更大的经济效益，并且能够与时俱进，在提高收入的同时，带动农民观念的转变。2007年，她联合5户乡邻成立了农联蔬菜专业合作社。截至到2016年年底，合作社已发展到210户，带动贯庄村蔬菜种植面积达到5 000多亩。蔬菜品种在过去的黄瓜、番茄、菠菜基础上又增加了大棚茄子、甜瓜、葡萄、韭菜。

合作社通过土地入股形式，使土地能够合法流转有效利用，本着民办、

第一篇

石家庄市藁城区农业致富典型

民管、民受益的宗旨，让社员共同参与谋划决策，力求运作规范。通过召开社农股东大会，参考外地经验，积极管理经营自己的合作社。他们致力提高品牌意识，提高市场竞争力，注册了自己的品牌——"康之福"商标。

合作社采取统一采购的方式，如种子、化肥、农药、农膜等农资，平价提供给社员，仅集中采购农资这一项就能使每个入社农户每年节约资金2 000余元。合作社对种植的农作物进行统一管理，以此来提高农产品质量，通过产品质量来提高品牌意识，真正做到优质优价。合作社也一直在积极探索市场经济发展规律，经常邀请外地专家为大家讲授农业专业课，或到田间地头进行技术指导，破解生产中的一些难题。除此之外，每个星期六晚上，社员们会集中起来去合作社，通过大会发言等形式来交流探讨生产中的经验高招，一同解决遇到的难题。通过每周例会，实现了农户之间的优势互补，种植技术不断提高。

农联合作社的健康迅猛发展，不仅使菜农们获得了可喜的经济效益，同时，也获得了良好的社会效益。

薛翠巧不但有股子闯劲，还有股子钻劲，她一直在钻研和追求土地产出效益最大化。她在自家的地里进行了"黄瓜—黄瓜—菠菜"一年三茬种植模式实验，成功之后，便将此种植模式进行了推广，逐渐扩展到整个贯庄村，以至带动周边村庄进行了种植模式的产业化改革。

数年来，薛翠巧一直在不懈地奋斗着、拼搏着、追求着、改革着，她看到了蔬菜产业的逐渐兴盛，她看到了乡亲们的腰包渐鼓，她凝视着望不到边的白色大棚，她笑了，她比以往任何时候都笑得更加灿烂！

誓把荒滩变绿洲

——记藁城区森友林木种植有限公司董事长韩申友

过去，滹沱河藁城段，两岸沙滩绵延，每遇风起，尘扬沙飞，或空气混浊，或天昏地暗，路人掩目，居民嗟叹。一位倔强的庄稼汉，硬是让这荒滩变成了绿洲，他就是位于滹沱河北岸的藁城区西四公村村民韩申友。

20年前，韩申友风华正茂，吃苦耐劳，敢拼敢闯。他搞过装修公司，几年苦干，脱贫致富。继而，利用积累的资金建造了人造板厂，潜心经营，效益可观。

生长在滹沱河畔的他，进进出出穿梭在风沙之间，那种感受不言而喻。"我要让这荒滩变绿野！我要让这荒滩地生金……"一个大胆的设想浮现在他的脑海，他沉思良久，很快变成了一幅美丽的画卷，继而又变成了一张宏伟蓝图：极目远眺，绿野无垠，净化环境，惠及乡邻。何乐而不为？

说干就干。为了筹资，他毅然卖掉了自己用心血和汗水浇灌起来的人造板厂，他要把这些资金投入到沙滩上去。妻子不满，儿女反对，但丝毫没有动摇他植树造林的决心。他开始

河北森友林木种植有限公司总经理 韩申友

第一篇

石家庄市藁城区农业致富典型

2002年，他注册了"河北森友林木种植有限公司"，并先期承包了只照村河滩地100亩，他要在这里建造速生杨林。百亩滩地，高低不平，无水无电无道路。但韩申友是一个天大的困难也压不倒的铁汉子，他不怕跑折腿，不怕磨破嘴，晴天一身汗，雨天一身泥。功夫不负有心人。他在这里安装了变压器，架上了电线，打了机井，首先解决了水电问题。接着，又找来十几台推土机，开始平整沙地。他的工程影响了以往在这里挖沙卖沙人的利益。这些人对他明着威胁恐吓，暗地里破坏道路及电线，企图让韩申友放弃这项工程。他没有退缩。资金短缺了，他就四处找亲朋好友借钱。在平整沙滩地的那段时间，韩申友昼夜盯在现场，一辆破面包车便成了他吃住的地方。一次，他生病了，发高烧，嘴上起泡，浑身无力，身上挂着输液瓶，依然白天黑夜的坚守在工地上。就这样，几个月下来，原本180斤的粗壮汉子，瘦了一圈，可他还是乐呵呵地说："这点苦不算什么。"

韩申友是个大孝子，平日里三天两头去看望老母亲，问寒问暖，关怀备至，对母亲是百依百顺，由于平整土地这段日子没有回过家，回来后听说母亲前段时间生病了，怕他分心没

跟他说，听到此话，这位坚强的汉子落泪了。

……

2004年后，他的百亩杨林葱茏青翠，生机盎然，乡亲们无不为之赞叹。

2005年，韩申友又承包了西四公村500亩沙滩地，也种上了速生杨。

寒来暑往，转眼数年，他用心血和汗水浇灌的沙滩，已经变成一望无垠的绿洲。郁郁葱葱的杨树林，不仅为他带来了丰厚的经济回报，更为重要的是韩申友净化环境、绿化大地、造福乡里的夙愿实现了！"森友林木种植有限公司"多次被藁城、石家庄林业部门授予林业种植大户及绿化模范等称号。

然而，韩申友这个时代经济的弄潮儿，并没有懈怠，2014年，他开始转型经济林种植，将原来承包西四公村的500亩地，栽种了100亩优质矮化砧苹果及400亩桃树。目前，百亩矮化砧苹果已进入盛果期，因其品种优良，果品吃起来口感既爽脆又酸甜可口，还耐存储，深受消费者青睐。他栽植的黄桃，因其质地硬，产量高，耐运输，是桃类加工的上品，被多家黄桃加工企业看好，并签订了收购协议。

韩申友不愧为农民致富路上的排头兵、领头羊，"森友林木种植有限公司"的明天必将更加灿烂辉煌！

土地经营规模化 农田管理科学化

——藁城区富裕家庭农场农场主苏吉平

藁城区富裕家庭农场，位于藁城区藁梅路西侧土山村，法人苏吉平。苏吉平运用现代发展理念，在实践中推进着传统农业向现代农业的转变。

一、土地经营向着规模化发展

中国传统农业历史悠久，逐渐形成了一套以精耕细作为特点的传统农业技术。但传统农业结构较单一，生产规模较小，经营管理和生产技术仍较落后，抗御自然灾害能力差，农业生态系统功效低，商品经济较薄弱。因此，建设优质、高产、低耗的农业生态系统，对提高农业生产水平，逐步推进农业现代化，具有十分重要的意义。

2013年，国家对土地流转大力扶持，苏吉平抓住机遇，以1 000元/亩的价格流转了500亩耕地，建立了藁城区富裕家庭农场。至2016年，共流转土地1 000亩，平均流转价格800元/亩。这些土地肥沃平整，全是水浇地，常年以小麦、玉米、大豆等粮食作物为主进行轮作。

富裕家庭农场农场主 苏吉平

二、努力学习和运用先进管理技术

苏吉平深深懂得，只靠传统农业管理方法和技术远远跟不上现在规模化生产的步伐，只有寻求技术部门做后盾，利用新技术、新方法发展规模化生产，才能迅速提高生产率。于是，他先与藁城区农科所联系，认真学习农业专家提供的栽培技术，如"两

成熟的大豆

晚技术""三密一稀改等行距播种技术""高产栽培管理技术""水肥一体化技术"等,不仅提高了土地利用率,还能增产增收5%~10%,亩增经济效益80元左右。目前,他不仅与藁城区农科所合作,还与石家庄农科院、河北科炬种业、邯丰科技有限公司等多家有实力的科研单位和企业合作,发展高产高效种植模式。

三、紧盯市场需求,引进名优品种

藁城区农科所是全国优质强筋小麦的育种基地,从1991年至今先后育成藁8901、藁优9409、藁优9407、藁优9908、藁优9618、藁优2018、藁优5766、藁优5218等藁优系列优质强筋高产的小麦品种。2013年,正值推广藁优2018小麦,也是各大面粉企业需求旺盛期,苏吉平将500亩土地全部种上藁优2018小麦。2014年收获时,亩产达560千克,市场商品粮价格比普通小麦高出0.26元/千克,每亩增收145.6元,500亩地小麦总收益达到70万元;夏茬作物种植玉米,收益达50万元;两茬共收益约120万元,减去地租1000元/亩、生产资料、工时费及机械投入1000元/亩,纯利润约600元/亩。

四、运用先进技术设备,降低成本增效益

1. 大胆引进水肥一体化设备

水肥一体化技术,即在浇水的同时也将肥料施进去。把原有垄沟去掉改为喷灌,从而提高了土地利用率10%。改用喷灌不仅能全覆盖均匀浇水,还能收到节水效果。据专家测算,每年每亩能节水50立方米;使用水肥一体化设备,最主要的是省工省时,

提高生产效率，减少人工投入，可谓一举多得。

2. 实行机械化管理

土地流转大户，在生产中最害怕的是人工费用投入，因为生产资料的投入相对稳定，人工到关键管理期工费价格偏高，一是浇水施肥；二是杀虫除草，所以，就得从机械化管理入手。机械化管理也是其中一大项。人工除草效率低，喷施不均匀，机械喷药速度快，农药用量小，喷施效果好，既能节约人工投入，又减少了农药污染。

3. 采用高产栽培管理技术

（1）玉米适时晚收，能增加产量。晚收1天，每亩能增产7千克左右；晚收3天，约增产25千克/亩。

（2）小麦播种后进行机械镇压，不仅能压实土壤、保护墒情，还能增强小麦越冬抗寒能力。

（3）小麦春季管理，在墒情允许的情况下，春一水可推迟到3月底或4月初，目的是控制小蘖生长，促进根系下扎，增强通风透光性，有利于生长后期抗病抗倒伏；春一水追肥，亩施尿素10～15千克即可，不宜太多，多了作物不易吸收，反而增加成本。4月底浇灌二水，不用第三水，小麦就能正常成熟，省工省水省投入。

几年来，苏吉平在实践中逐渐走出了一条集约化布局、规模化生产的高效农业发展之路。近年粮食价格下降，尤其是玉米商品粮价格只有1.2元/千克，给一些土地流转大户造成不小经济损失，但苏吉平的富裕家庭农场仍能达到亩纯收益420元左右。

他的发展愿景：再流转土地2 000亩，建成一个规模可观的大农场，搞些特色栽培，结合技术服务，辐射带动农户大力发展优质麦种植，引领全村农民走上现代农业发展道路。

大田红薯

把脉市场信息　调整种植结构

——记藁城区梅花镇南刘村种地大户李国奇

　　南刘村李国奇是一位小有名气的致富能手，新型职业农民。在 2012 年之前，他从事的是制糖行业，收入可观，人们都夸他勤劳能干，善于发现和把握市场先机。但随着国家对食品行业规范化管理的加强，小作坊式加工难以为继。那时，李国奇了解到国家提倡土地规模种植，他觉得这是个增收的良机，于是便萌生了回归到种地老本行的想法。2012 年，他便承包了 100 亩土地，种植小麦和玉米。

2013 年，将规模扩大到 288 亩，同时，带动周边农民种植小麦和谷子 900 多亩，成为远近闻名的种植大户。2017 年被评为市级示范家庭农场。

　　在市场竞争日益激烈的形势下，单一品种的种植往往适应不了市场的复杂多变。善于把脉市场的李国奇，综合分析市场需求状况，依据市场需求，调节种植结构，采取多样化种植。回忆起这几年的种植历程，他说：刚开始有点儿不适应，单纯只种植小麦

种地大户李国奇

李国奇工作照

和玉米这样的大田作物，大年价格还行，小年就开始亏损了。于是，2013年把玉米改成了谷子。2015年试验种了10亩地的紫小麦，刚上市就被抢购一空。2016年，种植20亩紫小麦还是供不应求，2017年扩种到50亩。

说起紫小麦，李国奇讲起了他的切身经历，由于自己平时肠胃不好，平常吃饭也就只吃半个馒头。一次在他表哥家吃饭，第一次见到紫麦面馒头，感觉好吃，这顿饭便吃了一个馒头。基于这次切身感受，李国奇产生了引进种植紫小麦的想法。相比普通小麦面粉，紫小麦馒头口感更加香甜可口，紫小麦出粉率高，能达到90%

以上。据查，这种面粉还有预防"三高"的效果。李国奇对紫小麦的管理也比较讲究，他采用绿色生态种植方法，肥料是从内蒙古采购的有机肥，除草全部采用人工，生产出的小麦品质高。因此，紫麦面的市场价格能达到10元/千克，平均每亩可以增收2 000多元。

除了多样化种植，李国奇还不断探索精细化加工，延伸产业链，增加农产品的附加效益。李国奇家的小麦和谷子从前是直接卖给面粉厂，随着开拓市场，客户增多，他现在开始委托给面粉厂、碾米厂加工，然后自己销售面粉和小米。李国奇高兴地说：

吹响现代农业发展的号角

"直接把谷子卖给加工厂是 3.6 元 / 千克，但是如果碾成小米自己卖，可以达到 6 元 / 千克，比直接卖谷子强多了。" 2017 年 1 月，他生产的富硒小米已申请"三河一道""藁南黄金"注册商标，并开始推广种植。

最近，李国奇通过调查市场需求，委托专业酒厂和面粉厂加工小米酒、小米面，将小米酿成酒，磨成面后再销售。酿出的小米原浆酒纯正甘洌，喝了不上头；小米面粥润滑易吸收，营养价值远胜玉米粥，备受消费者青睐。

随着都市旅游农业的发展，结合自己种植优势和市场需要，李国奇充分利用所在地区的都市城郊优势，发展了"农耕体验"的业务，客户可以指定一块地托管给李国奇，也可以自己管理，在充分体验农耕乐趣的同时，还可以吃上绿色生态的健康产品，"农业＋旅游"模式吸引了不少的市区游客前来体验。

李国奇谈起自己的致富历程，不无感慨。他说，一路走来，也不容易，我也曾遇到过产品价格低卖不出去、资金缺乏和家人不理解等问题，但是随着国家对于农业供给侧改革大力支持，一直以来，藁城区农工委、农业局、农经局等部门不断帮忙出力，在资金借贷和技术指导上帮我解决了很多实际问题，我购置了大型拖拉机、联合收割机等大型农机设备，降低了人工成本，平均每亩地能节省人工费用 200 余元。

李国奇准备下一步，一方面大力发展多样化种植，采用新品种；另一方面他准备发展紫小麦订单农业，他向村民提供种子、技术，签订合同，保障最低收购价，形成更大规模种植，带动村民们一起致富。

李国奇工作照

88

"转"出来的致富经

——记石家庄银环家庭农场负责人刘书珍

刘书珍，女，藁城宜安村人。别看她个子不高，但全身上下散发着一种干练的气质，很难让人联想到她已经55岁的年纪，更无法将她与"种地"二字联系起来。但就是这样一个中年妇女，在风风雨雨中独自撑起一个占地2400亩的家庭农场走过4个年头，更将"富硒大豆"打造成为全国最大的种植基地。问起她的致富经，刘书珍笑着说："其实没啥，就是一个'转'字"。

2007年，刘书珍跟随丈夫开始从事钢材买卖。当时，房地产行业进入繁荣时期，钢材市场价格开始走俏，刘书珍正是抓住了这样一个有利契机，将自己的全部家当投入到钢材生意上。敏锐的判断力和果敢的行动力没有让刘书珍失望，没过多久，刘书珍的前期投入不仅全部回本，而且自己还在钢材市场上收获了自己的"第一桶金"。

随着房地产市场的降温以及环境问题的日益显现，钢材市场也逐渐开始走下坡路，钢材价格更是急剧下滑。

银环家庭农场负责人刘书珍

面对这样的市场形势，刘书珍没有像其他人一样自乱阵脚或是孤注一掷，而是静下心来开始谋划新的出路。由于经常外出学习，加上自己每天坚持的读报读书、收听收看新闻的日积月累，国家鼓励农村加快土地流转的政策吸引了刘书珍的目光。

机缘巧合，网上一则关于富硒土壤带的新闻彻底让刘书珍决定回归农

大豆生产基地

村。"硒元素可是好东西，有抵御疾病、防止衰老、增强人体免疫功能的功效。"刘书珍笑着说，"恰好这个富硒带就在我们老家。"据河北省地质调查院勘测，藁城区拥有28.83万亩的富硒土壤带，主要集中在南营镇、梅花镇等地，而这正是刘书珍丈夫老家的所在地。2013年，刘书珍跟随丈夫回到了藁城南营镇宜安村老家，从乡亲手中流转到近3 000亩土地，成立了石家庄银环家庭农场，开始种植富硒小麦和富硒大豆，"让老百姓吃上健康食品，带动老乡走上致富之路"成为刘书珍开始奋斗的目标。

隔行如隔山。如果让刘书珍外出谈生意，那她做起来一定是信手拈来，得心应手，而如今的这片庄稼地却让她倍感压力。"像什么时候浇水、什么时候打药这样基础性的农业知识，我还勉强了解，但是怎样提高规模化种粮效益，怎样卖个好价钱确实让我犯了难。"回忆起当初的情景，刘书珍脸上依然显露出一丝愁云。

"既然选择了种地这个行业，现在开始学也不晚。"在任何困难面前，刘书珍总是有一股不服输的韧劲。自此之后，无论严寒酷暑，刮风下雨，在庄稼地里或是农校课堂，都能看到刘书珍学习的身影，田间的农把式、农技专家、甚至各种书籍、电视节目都成为她的"良师益友"，甚至发烧至40℃，她还放心不下地里的庄稼，三番四次嘱咐乡亲们要关注天气预报，抢收地里庄稼。

功夫不负有心人。在刘书珍的努力下，她不仅成功"入门"，而且还成功摸索出一套独创的种地"秘诀"——"矩阵形"管理模式，即农场主负责统一协调，场长主要派发任务，片长司职一线管理，分工明确、责任到人，确保农场的每一寸土地，都有专人来管理种植。"农场面积大，管理粗放的话，自己受累不说，还会大大影响到效益，所以我考虑着用数据来指导生产。"刘书珍说，直接负责耕种的片长有十几名，每个人管理的片区大小不同，从500~800亩。农场按照用工次数、农药用量、电量消耗等指标，取每亩的总体消耗均值，来给片长们"排绩效"，并且做到奖惩分明，激发片长节本增效的积极性。

在管理水平提升的基础上，刘书珍还在选优品种、打造品牌上做足"文章"。"只有不停地转型发展，不停地创新，才能把农业做大做强。"刘书珍这样分享自己的经验。2017年，刘书珍与谷子研究所签订了3 000亩黑小麦返种订单，不仅管理上与普通小麦无异，而且返种价格要高于小麦市场收购价0.15元，仅此一项就能带动当地老百姓增收36万元。在大豆销售方面，刘书珍独辟蹊径，以商标提升大豆的竞争优势，先后申请的"三尺三""五玄"等农产品品牌打开了高端市场的通道，获得了消费者的信赖。

农业供给侧结构性改革提出之后，刘书珍马上又有了新的转型想法。

"现在国家大力推行农业供给侧结构性改革，恰逢乡村休闲游热度居高不下，再加上优越的区位优势，这正是转型发展的大好时机。"刘书珍笑着谈起自己的想法。目前，刘书珍已经将农场中400亩土地规划出来，将农业和旅游业结合起来，逐步转型发展观光农业。此外，她正积极与北京藏香猪养殖项目进行接洽，项目不仅可以实现富硒大豆壳的废物利用，降低养殖成本，而且，生产出来的富硒猪肉恰好满足目前消费者对"吃得健康、吃出个性"的消费需求。

单株大豆结荚展示

规模化养殖 标准化管理

——记藁城区世博牧业有限公司总经理杨建信

石家庄市藁城区世博牧业有限公司，位于藁城区梅花镇木连城村村东1.5千米处，始建于1997年8月，有员工30人，总经理杨建信。该公司养猪场占地60亩，建有办公楼一座，共3层900平方米。建有标准化猪舍27栋，其中，保育舍8栋、产房5栋、育肥舍11栋、妊娠舍6栋。配有育仔栏50张、产床80张、消毒泵3台、公猪舍1栋、定位栏舍1栋、化验室、采精室各1间，消毒室3间以及其他配套设施等，投资总额达1 430余万

元。是藁城区较大规模标准化无公害养猪基地之一。

杨建信的办公桌上摆放着一张他与美国人的合影照，是2015年美国政府农业考察团到该公司考察时的留影。

藁城区世博牧业有限公司挂靠广西扬翔股份有限公司。广西扬翔股份有限公司，是国家农业产业化重点龙头企业。该公司大力发展"公司＋基地＋农户（农场）"的合同肉猪代养共享经济模式。通过打造育种、营养、兽医、养殖、环保、销售、对标、训

世博牧业有限公司总经理 杨建信

世博牧业有限公司大门

练七大体系，并为合作户提供栏舍设计服务，猪苗、饲料、动保、技术服务以及规范管理办法，负责肉猪销售。整合和发挥千家万户可建设猪场的土地资源优势以及农户高度责任心养好猪的优势，合作户建设肉猪栏舍，饲养肉猪，只要按其公司方式管理，就能轻松养好猪，快乐赚钱。该公司从"种、料、养、管、防"五大环节入手，配套有强大的技术服务体系，为千家万户家庭农场提供猪精、饲料、动保、技术服务，帮助养殖户提高效率，降低成本，减耗增收，实现养猪致富的梦想。

此前，扬翔公司的2名专家曾到世博牧业有限公司，对世博员工进行技术培训。扬翔公司还给世博派驻了大学生7名，专职技术人员2名。

世博牧业有限公司

这些人员吃住在场，服从安排，对猪舍实行严格的全程托管，并进行数据统计。

在管理方面，世博公司购置了先进养殖设备，大力改善生猪饲养条件。采用地源地泵控制猪舍温度，冬天猪舍温度在 25~30℃。夏天有通风降温设备，猪舍通风、透光、凉爽，生猪住上了空调屋，保持了各生长生产阶段生猪的环境温度需要。每栋猪舍新安装了自动喂料生产线和环境控制设备。猪卧在床上，粪尿漏到床下。采用了水粪分离机，床下有水，猪舍无粪便气味，数天将水粪清除 1 次，粪水浇地，干猪粪由附近的果农菜农拉走作有机肥料，供不应求。

杨建信非常重视防疫灭病工作。他从事养猪行业 20 年了，对猪的疫病情况相当了解，他的企业制定有切实可行的免疫方案。除了区畜牧工作总站要求搞好春秋两季口蹄疫免疫注射外，对猪瘟、蓝耳病、伪狂犬病、圆环病毒病和猪围坐性鼻炎等全部制定免疫程序。除猪瘟疫苗外，一律采购使用进口疫苗，确保免疫效果。

世博牧业公司养猪场以饲养育肥猪为主，品种主要是美系长白、大约克、杜洛克等优良品种。目前，该场生猪总存栏 7 000 余头，其中可繁母猪 600 头，后备母猪 600 头，种公猪 20 头，年可出栏无公害生猪 13 000 多头。2016 年，实现收入 800 万元。

2011 年，该猪场被省畜牧局确定为省级标准化示范场；2012 年，该猪场通过了河北省无公害畜产品产地认定，被确定为部级标准化示范场；2016 年，世博牧业公司被认定为河北省科技型中小企业。

养猪场基地

转型升级 科学饲养

——藁城区三山奶牛场发展纪实

三山奶牛场，位于石家庄市循环化工园区丘头镇堤上村，建于2006年4月，占地51亩，工人16名，场长张成山。牛场分区明确，布局合理，整体规划主要为生活管理区、生产区、生产辅助区、粪污处理区4个大区。

该场建有标准化挤奶厅，面积360平方米，待挤区200平方米。2016年更换了挤奶设备，新增以色列SCR 2*16位鱼骨式电子计量自动脱杯挤奶机。这套全自动挤奶设备，采用全自动速冷机组，瞬间即将牛奶降温到4℃以下，充分保证了鲜奶的品质。该场化验设备齐全，每天挤奶都要留样，并先自检，再交售。场内建有标准兽医室。

在奶牛饲养方面，以前是有什么让牛吃什么，仅限于玉米秸秆；现在是奶牛需要什么就喂什么。饲喂的玉米秸秆全部是带穗青储，提前与农户

三山奶牛场场长 张成山

第一篇 石家庄市藁城区农业致富典型

签订收购合同，在收割前50天就要求农户不得再喷洒农药，这样的青储饲料营养高，适口性好。现在就连青贮池也改进成不用土壤覆盖，而是先用废旧轮胎压实，再往里面放上专用的菌种发酵，以此确保饲草的质量。另外他自己种植青贮玉米秸秆200亩，并配备9立方TMR进口饲料搅拌机1台。配料方面，该场根据牛的不同年龄段和不同产奶量，投喂不同营养价值的饲料，既让奶牛吃到了营养全面的饲料，又有效提高了饲料利用率。该场还从国外进口干苜蓿，主要饲喂高产奶牛。

该场非常重视硬件建设。以前，三山牛场属于"小区＋奶户"养殖模式，当时总存栏900头，平均年单产5吨，由于牛群结构不合理，经济效益较低。2015年，实施奶牛标准化规模养殖场建设项目，在原有小区旧址上重新建设2栋全长175米、跨度28米的标准化泌乳牛舍，新增卧床600位，930个牛颈枷，共计9 800平方米，并增加了48个保温饮水槽，30台降温风扇，4台冷风机。净道硬化5 200平方米。2016年，新增530米喷淋系统，以确保高温季节降低奶牛热应激反应。并安装了8条自动刮粪系统，全长1 300米，现在自动清粪每次仅需1小时，既节约人工，又不影响奶牛运动和休息。还设有专门的卧床，保温、柔软、干燥。奶牛饮水槽以前半年可能清理1次，现在每2～3天必须清理1次，保证奶牛饮用干净卫生的水。夏天，对奶牛适时淋水，排风扇降温，防止中暑。而且将净污道分开，实现净水、污水分流。同时配套了粪污处理系统——干湿分离机，粪污分离出来的水可继续用于冲洗粪槽，干粪经发酵消毒后用于卧床垫料，实现了粪污全程自动清理和循环利用，符合节水和环保政策要求。

该场还在君乐宝乳业公司指导下，将奶牛场全场绿化，完成了从小区到牧场的转型。2016年，荣获君乐宝观光牧场奖。至此，该场彻底实现

三山奶牛场改造前后乳品理化指标对照表

理化指标	乳脂肪	乳蛋白	微生物	体细胞	冰点
改造前	3.4	2.9	20万	100万	0.519
改造后	3.75	3.15	0.5万	25万	0.535

了分群饲养，统一管理，并有效提高了单产及乳品理化指标，奶牛日单产由18千克提升到了27千克，见下表所示。

目前，该牛场总存栏540头，产奶牛200多头，干奶牛55头，后备牛190头，其中犊牛50头。日产奶量5.5吨，奶价3.75元，交售君乐宝乳业。平均日单产27千克，高产可达35千克。去年实现收入80万元。

现该场正在筹划为奶牛安装自动监控系统。奶牛进厅挤奶，进行在位识别，扫描该颈圈，该头奶牛的发情、运动、产奶量、健康等数据情况在屏幕上全部显示，便于对每头奶牛进行精细化管理。

张成山谈起他的养牛历程不无感慨，他说："以前认为养牛就是一项副业，不成功可以放弃不干。现在把奶牛养殖当成事业，投资800多万，必须全力以赴，必须认真对待。要讲究诚信，做良心奶，每一滴牛奶都要对得起自己的良心，绝对不使用禁用兽药，保证不违规添加任何物质。此外，我的牛场之所以能发展到现在，在很大程度上受益于国家的惠农政策。2015年奶牛场升级改造，省级财政对每个牛床补贴2 000元，石家庄市财政补贴1 000元。还有不少新添加的设备，也是享受补贴的，'吃水不忘挖井人'，我十分感谢党和国家以及上级有关部门对我的大力支持"。

张成山说：奶牛养殖要实现高效益，必须依靠新技术，必须实现养殖现代化。现在我刚迈开了第一步，今后还要继续发展。我一定要用我的良心、智慧和成就回报国家，回报社会，做一个真正的"牛人"。

转型升级 科学饲养

——藁城区三山奶牛场场长张成山

　　"致富奔小康！"——当今时代的主旋律。

　　孙建国，藁城区南乡村人。他是一位在市场经济大潮中勇立潮头，搏风击浪，永不服输的人。他也和其他奋力奔跑在致富路上的骁勇们一样，正大汗淋漓，而充满着希望。

　　十几年前，孙建国与爱人一起开办起饲料厂之后，陆续在市场低谷入手饲养蛋鸡，经过多年的苦心经营，滚动发展，鸡场规模日益扩大，腰包也逐渐鼓了起来。自己忙不过来，便聘请工人来帮助管理鸡场，现在已经发展为藁城区个人投资的最大的鸡场。

　　孙建国养鸡场位于南孟镇南乡村西南。走近养鸡场，首先映入眼帘的是"孙建国蛋鸡养殖场"几个大金字座牌，跨过消毒池后便是生活区，两排整齐标准的办公室和生活用房分列左右，接待室、兽医室、解剖室等分门别类，一应俱全。

　　该鸡场始建于2009年3月，员工8人，夫妻二人吃住在鸡场，为之付出了许多心血。

　　鸡场养殖区坐落生活区北边，建有全自动标准化鸡舍5栋，东西走向，总面积6 000余平方米，可容纳9.5万个笼位，现存栏蛋鸡8.5万只，累计投资400余万元。

　　在管理上，孙建国始终秉承"鸡场管理高标准，鸡蛋产品高质量"的理念。鸡场总体规划是按照标准化生产设计的，净污道分设，生产区和生活区严格分开；鸡舍建筑全部采用彩钢板结构，利于隔热保温，便于清洗消毒。鸡场机械化水平较高，配备有自动喂料、自动饮水、自动清粪、水帘、风机等设备，不但大大减少了用工，降低了劳动强度，并且为蛋鸡生产创造了适宜的环境。他的示范，带动了周围蛋鸡养殖户也逐渐淘汰老式鸡房，向标准化、规模化鸡房方向发展。

　　他用的饲料，是自己的饲料加工厂生产的，严格控制原料，严格按照鸡群各阶段营养水平配制出安全优质的饲料。

疫病防治是养鸡行业必须高度注意的一项工作，孙建国重点抓了2个环节，一是消毒；二是免疫。该鸡场从设施到程序都向着国际先进标准看齐，配备有高标准的消毒池、消毒室、消毒通道。所有进入鸡场的车辆、人员必须全部消毒，人员要更换衣物。每个鸡舍口设有消毒盆，工人进入鸡舍时，再次消毒。对于鸡舍、鸡群，该场定期带鸡消毒。孙建国实行的鸡群免疫程序，是在对每个批次鸡群进行抗体监测后，根据抗体水平制定出来的。及时准确免疫，才能保障鸡群安全稳定，才有可能做到效益最大化。该鸡场在产蛋期全程禁止用药、禁止打激素，并有自己的专用防疫队。

在粪污处理方面，2014年年底，该场在原有粪污处理设施基础上，又投资20多万元建成了石家庄市首家蛋鸡场集约化粪污处理试点，不但提升了鸡场鸡粪处理水平和整体形象，而且为探索石家庄市域鸡场粪污治理路子提供了示范和借鉴。

优质饲料，清洁饮水，优良品种，专业管理，喂放心鸡，卖良心蛋，为群众健康着想，是该鸡场运行的基本准则。

由于管理规范，标准高，效益好，孙建国蛋鸡养殖场于2010年被确定为省级畜禽养殖标准化示范场，2014年被确定为畜禽养殖标准化部级示范场。

孙建国夫妇在多年的实践中，逐渐了解掌握了蛋鸡市场的运行规律，他们总结出了以下经验：要从市场低谷入手，不要盲目跟风；坚持滚动发展，实行标准化管理。要把握2个关键点，一是在鸡苗价格偏高时，须谨慎上雏。鸡苗价格高，说明上鸡的多，将来市场存栏总量会很大，效益不会太好；二是鸡群上高峰时间尽量避开冬季。蛋鸡上高峰，体内激素会发生非常大的变化，是机体抵抗力最弱的时刻，避开这个时间段，很大程度上能够降低鸡群患病风险。

受市场规律影响，禽蛋市场价格波动大，蛋鸡养殖风险高。多年来，孙建国在发展养殖的过程中经历了许多困难，"坚持就是胜利"，他一直这么认为，他一直坚持着。

谈到家庭养殖业的前景，孙建国很有见地，他说：养殖业是永远不会消失的行业，关键是你能否在整个行业中有发展。养鸡很难再有暴利时代，单只利润低是必然趋势，只有靠规模才能保证收益。养殖设备标准化，饲养管理专业化，创建和保持好的饲养环境，是今后养殖业的必然趋势。

我的红薯我的梦

—— 记藁城区阜阳村红薯种植能手陈建彬

陈建彬，男，石家庄市藁城区阜阳村村民。出生在一个普通的农民家庭，他虽然上学时成绩很优秀，但因家庭困难，他不忍心看着父母辛苦劳作，自小就跟随父母到农田里劳作。干农活的经历让他感受到农民的辛苦，却无形中锻炼了他坚毅的性格。

初中毕业后，陈建彬选择离开村里去北京打工，年轻的他梦想着在那里闯出一片天地。当时他在那里做过服务员、修理工、工艺品销售员等工作，辛苦打拼了一年多，却仅能维持个温饱，这让他感觉到现实往往没有那么美好，最初的梦想其实是那么远不可及。即便如此辛苦，他还是为了那所谓的自尊心不愿意回到家乡，觉得自己没能混出个模样给父母脸上增光，直到 2000 年 6 月，随着父母一天天变老，家里农活全靠父母两人支撑，在亲朋好友的劝说下，他终于决定回家。虽然，两三年的打工生涯没有让他收获成功的喜悦，但是，却开阔了眼界，增长了见识，磨炼了意志，

红薯种植能手陈建彬

这将是他终生的财富。回家后的生活也并非一帆风顺，他必须挑起整个家庭的重担，这却让他倍感压力。虽然他对种地并不陌生，但也不十分精通，他按照父辈们的传统模式进行玉米、小麦种植，可产量很低，辛勤耕耘的收入仅够家中的部分开支，这让他有些喘不过气来，但干农活和外出打工的这些经历，注定让他成为一个不服

吹响现代农业发展的号角

100

输的人。由于第一次种植农作物经验不足、投入较大、技术管理水平不高等因素，致使这一年收入微薄，但他并没有因此灰心，他积极查阅相关信息、向当地种植大户取经，向乡农技站技术人员请教。在区农技站技术员的推荐指导下，他对照过去，虚心学习，认真钻研，很快学到了一套科学种植红薯的新技术，因地制宜、科学合理地选用优质、高产、抗病品种，科学施肥技术、农作物虫、草、鼠害综合防治技术，当年种植的红薯就收入了 3 万多元。2003—2004 年，他继续在干中学，学中干，种植经验越来越丰富，成为当地远近闻名的科学种植红薯的能手。2005 年，他又承包了村里近百亩耕地，建立了诚信薯业家庭农场，以红薯种植、种苗繁育、红薯储存为主。他还主动无偿将自己所掌握的栽培技术传授给周围的人，带动周围的乡亲们一起致富。在他的带动下，阜阳村大部分村民思想得到了转变，积极实行科学种田。下面将陈建彬科学种植红薯的经验整理出来，供大家学习参考。

一、引进新品种，增强市场竞争力

引进的国内外高产优质和特异红薯新品种如下。

1. 新农四号

由北京 553、S52-7、日本黄金薯三元杂交而成。它继承了北京 553 的优质、S52-7 的高产、日本黄金薯的营养及薯型美观的特点。其叶形为五齿形，叶色深绿，蔓长 50～80 厘米（特短蔓），开粉色花，薯型为长纺锤，皮色黄褐，肉色杏黄，结薯早，产量高，亩产可达 5 000 千克，耐旱耐肥，较耐瘠薄。可溶性糖和维生素糖含量高，熟食味甜面，香味浓郁，是鲜食、蒸烤、加工薯脯的优良品种。

2. 脱毒北京 553

顶叶紫色，叶绿色，叶形浅复缺刻，株型匍匐，茎色绿带紫，茎粗壮，蔓长 2.53 米，基部分枝多，薯形长纺锤形，皮色黄褐，肉色杏黄。萌芽性好，

红薯收获现场

鲜薯产量 3 000 千克，切干率 25%，结薯早、膨大快、整齐集中，较抗黑斑和茎线虫病，耐旱耐肥，较耐瘠薄。熟食软甜，生食脆甜，蒸烤均可，是加工薯脯的主要品种。

3. 日本黄金薯

从日本引进，叶五齿形，叶色深绿，蔓长 70 厘米左右，橘黄皮，深红肉。特点：特抗重茬，抗病性高，维生素含量高，口感极好，亩产 5 000 千克左右，是当前红薯珍品。

4. 美国特短蔓黑薯

该薯纺锤型，薯皮紫红近黑色，肉紫黑鲜艳，比"川山紫"颜色更深，熟后成黑色，香甜面沙，食味极佳，营养成分比其他红薯高一倍，含硒量高，属抗癌食品，亩产 3 000 千克左右。

二、自繁自育种苗，这是成功的保证

许多红薯产区的农民习惯采用茎蔓多年连续繁苗的方式种植红薯，这是造成红薯品种种性退化和产量下降的重要原因。薯苗素质与产量关系很大。苗壮，则薯苗插后早发根、结薯早、抗逆性强、生长快；而老蔓、弱苗迟发根，茎叶生长慢，抗逆性差。据试验，壮苗与弱苗分别采用相同的栽培技术，不管是在肥力中等田块还是肥力较好的田块中种植时，壮苗比弱苗增产均在 20% 以上。因此，培育壮苗

是取得红薯高产的关键性技术之一。薯块育苗的苗床地应选择背风向阳、排灌良好，管理方便的地方。在苗床管理上要做好剪苗假植，施肥催苗等工作，以培育出茎粗、节短、无病虫害、顶叶平齐、叶片厚绿的嫩壮苗。

1. 排种

薯块育苗时，宜选用大小适中（单薯重以 200 ~ 300 克为宜）、整齐均匀，无病虫、无伤口，无冷害的薯块作种。育苗床宽为 1 ~ 1.2 米，长度视需要而定，一般每育 50 千克种薯可供苗 0.9万 ~ 1.5 万株，栽插 3 ~ 4 亩，平均每亩大田用种量约 10 ~ 25 千克，排种期掌握在插植前 100 天左右。

2. 育苗

当薯种长出的苗长度达 25 ~ 30厘米时即进行假植繁苗，并在假植苗节数达到 6 ~ 10 个节位时，进行摘心打顶促分枝。

3. 施肥促壮苗

在计划采苗期前（种植前）5 ~ 8天薄施速效氮肥，培育嫩苗壮苗，并在薯苗长度达 25 ~ 30 厘米及时采苗种植。

三、科学管理，提高种植科技含量

1. 选地

宜选用肥力中等以上，排灌方便的沙壤土或壤土。红薯高产土壤的特

窖藏红薯

点是土质疏松，土层深厚，养分充足，通气性强。

2.科学施肥

（1）土壤肥力中等以上耕地：亩施尿素 25～30 千克（N：12～14 千克），普磷 30～50 千克（P205：4.0～6.5 千克），硫酸钾 30～40 千克（K20：20～25 千克）；

（2）土壤肥力一般的耕地：亩施尿素 30～45 千克（N：14～21 千克），普磷 35～55 千克（P205：4.6～7.0 千克），硫酸钾 40～50 千克（K20：25～30 千克）。

掌握"农家肥为主，化肥为辅，底肥为主，追肥为辅"的施肥原则。试验表明，亩产 3 000 千克鲜薯需施优质农家肥 3 000 千克，过磷酸钙 20～25 千克，硫酸钾 10～15 千克，碳酸氢铵 25 千克作底肥，追肥则以氮素肥为主。根据长势长相分期施用。一般栽后 5～7 天追施促苗肥，亩施碳铵 5～8 千克，30～40 天后追壮株肥，亩施碳铵 80～100 千克；后期看苗追施促薯肥，亩施水粪 500～750 千克。提倡根外喷肥，亩用尿素 0.5 千克，磷酸二氢钾 0.2 千克对水 30～40 千克，在傍晚喷施。施足基肥。整地时应施足基肥（约 30% 的总施氮量、20% 的总施钾量和 100% 的磷肥），并结合亩施用 3.6% 杀虫颗粒剂 2.5 千克防治地下害虫。

3.起畦

起畦种植既有利于雨季排水，还有利于有机物质分解，并且能使白天吸热快，提高地温，夜间散热快，昼夜温差大，利于红薯生长和根系积累养分。好的土地还要结合深耕起畦种植，才能改善土壤的理化性质而获得高产。起畦时应尽量做到畦沟窄深，无"硬心"等。畦距一般1.1～1.3米（包括畦沟），畦高0.3～0.4米，并且选用东西走向，以便使红薯接收到更好的光照，提高光能利用率。

4. 选用顶端壮苗栽植

顶端壮苗茎粗，叶大苗重，生长健壮，具有顶端优势，营养器官发达，抗逆力强，栽后返青快，扎根早，膨大快，产量高。试验证明：采用顶端壮苗栽插比温床剪苗或用其他杂苗一般增产10%。

5. 田间插植

红薯的栽植方法有直插、斜插、水平插、钓钩插、改良水平插等多种方法，宜根据土地的位置、地下水和种植季节的降水情况而定。栽插方法对薯苗发根成活、薯块形成与膨大均有直接影响，因此，要掌握栽植深度，使薯苗入土各节都处在土质疏松、通气性好、昼夜温差大的土层里生长结薯。长度20～25厘米的顶端壮苗一般有7～8片叶，栽插时地上留3～4片叶左右，其余4～5片叶插入土内为宜。为了防止栽插后叶片干枯，栽插时浇足定苗水。

6. 合理密植

红薯插植的密度：春植红薯每亩3 500～4 500株，并参考不同品种的特性、土壤肥力的高低和季节灵活掌握。高垅密植。垅作种植能够加厚土层，增大土壤受光面积，昼夜温差大，扩大根系活动范围，有利于根系的吸收、同化物质的积累和运转以及块根迅速膨大提高产量。一般垄高30～40厘米，每垄栽插两行秧苗，夏植红薯亩栽5 000～6 000株，采用斜插或平插，薯苗入土3～5厘米，3个节，压土要紧实，以提高成苗率。

7. 发根还苗期至分枝结薯期管理

这一时期是红薯的定根返青阶段，需水量不多，消耗养分少，因此，重点是查苗补缺保全苗。一般在插植后5天内做好查苗补栽，并保持土壤湿润，以提高薯苗的成活率。插植后15天左右根据长势情况补施苗肥（总氮、钾肥总用量的20%左右），对补栽的苗适当多施。

8. 分枝结薯期至茎叶盛长期管理

这一时期是分枝长苗、根系生长和结薯阶段，重点是进行控蔓促分枝。在插植后40～45天前，需水量不多，田间保持土壤湿润即可。在茎叶封垄后，需水量最多，土壤持水量应保持在最大持水量的70%～80%；因此，应酌情灌"跑马水"。要看苗追施促薯肥，在插植后 60 天前后结合大培土重施钾肥，一般亩施草木灰 100 千克或硫酸钾 6 千克（约占总用量的 60%）；氮肥，用尿素 5 千克（总用量的 50%）。防止陡长，对茎叶旺长，叶色浓绿，叶柄过长，毛根和柴根过多的陡长苗，采取提蔓，方法是将薯蔓轻轻提起，后放回原地，同时，结合中耕，打蔓尖等措施，降低田间湿度，改善通风条件，抑制茎叶生长，促进块根膨大，切忌翻蔓，翻蔓易损伤茎叶，降低养分制造能力，打乱叶片均匀分布，减弱叶片光合效能，影响养分运转与积累，常造成减产。并注意防治虫害（红薯主要的害虫有卷叶虫、甘薯天蛾、斜纹夜蛾、小象鼻虫等，小象鼻虫可用 80% 敌百虫 500 倍液浇灌蔓头 1~2 次；其他害虫可用 80% 敌敌畏乳剂 1 000 倍液或杀螟松 1 000 倍液，于午后喷洒）。

9. 茎叶盛长至薯块膨大期管理

这一时期是薯块膨大、营养充分向块根积累的重要时期，重点是通过水分管理，保持甘薯地上部和下部的平衡生长期，以防止水分过多造成生长过旺。因此，要注意疏通沟渠，做到涝排渍水、旱灌跑马水，并注意防治虫害。

10. 薯块膨大期至收获前的管理

这一时期主要是块根淀粉积累的重要时期。薯块盛长期，从茎叶生长高峰直到成熟，基叶生长渐慢，叶色转淡，继而停止生长。生长中心转为薯块盛长。对叶片发黄早衰田块，及时施用长蔓肥。一般的施粪水 750~1 000 千克，方法顺垄顶裂缝浇灌。或用磷酸二氢钾 200 克加尿素 500 克对水 40 千克根外喷施 2 次。同时，要清沟排渍，防止烂薯。或在植后 90 天前后，若地上部生长势较弱，亩用少量氮肥（约 2 千克尿素）冲水淋施或喷施以防止早衰，同时，注意适时灌跑马水。收获前 20~30 天一般不灌水，以利于甘薯的收获贮藏。

在陈建彬的带领组织下，村民们每年利用农闲季节在他的家庭农场打工的收入都在 2 万元左右。现在他的家庭农场里各类农机具齐全，去年又新购置了一台私家轿车，生活可谓越来越好，可他说这并不是他最终的目标，他的理想是让他家庭农场里的员工家家都有小轿车，每户都过上富庶幸福的生活。生命是一种姿态，不同的追求，不同的奋斗，必将演绎出不同的人生。陈建彬正是用他自己不懈的努力，谱写着新一代农民最壮丽的诗篇！

腾飞中的石家庄英辰农业开发有限公司

——记石家庄英辰农业开发有限公司董事长韩英辰

石家庄英辰农业开发有限公司（前身是藁城市红霞种植专业合作社，成立于2013年6月）成立于2016年4月，法人韩英辰。公司位于石家庄市藁城区南营镇土山村，东临藁梅路，交通便利。现拥有流转土地3 120亩，种植各种果树18万余株，固定资产达120余万元，在果树行间种植蔬菜、小麦、谷子、大豆、山药等杂粮作物，取得了可观的经济效益，仅2016年收益就达到了116.5万元，亩平均增效373元，得到上级领导的肯定，受到群众的好评。

一、英辰公司的发展历程

2013年夏天，韩英辰转包村民土地600亩，种了玉米、大豆，秋后种了小麦。2013年秋，石家庄市政府为改善省城生态环境，创建国家森林城市，启动了环省城经济林建设工程，英辰抓住这一机遇，注册成立了藁城市红霞种植专业合作社，以每亩1 000元租金流转承包了村民土地2 520

英辰农业开发有限公司总经理 韩英辰

谷子成熟季

亩，于 2013 年秋冬、2014 年春天全部栽上了核桃树，得到了南营镇政府和市林业局的大力支持。流转出去土地的农户，每亩可得到 1 000 元的租金，还可以腾出时间外出打工或做生意，不需要留人在家耕种自己的几亩地了。合作社也为在家闲散的劳动力提供了就业机会，每年合作社的劳务支出都在百万元左右。例如，村民刘华芳将自己承包的 5.55 亩土地流转给合作社，每年可以取得 5 550 元的租金，刘华芳本人又在合作社常年打工，每年可以收到 2.5 万 ~ 3 万元的工资。合作社在采购种子、农药、化肥等生产资料上可得到优惠价格，有些直接从厂家购货。在耕种收割上都可以享受优惠价格，降低了生产成本。农产品销售上可享受高价格，增加收入。加上国家经济林的补贴，2014 年收入

达到了 100 余万元，购置了大型农机具，建立了大型农产品仓库和粮食晾晒场地。

韩英辰经过多次外出考察，开拓了眼界，受到了启发。2015 年春天，将村北 1 000 余亩地改建成休闲、旅游、观光、采摘园。在藁城区林业局的指导下，对土地地块进行了合理规划，投资 120 余万元购买了优质苹果树苗 5 万余棵，改种了 500 亩矮砧优质苹果，优质梨 100 亩，杏 50 亩，桃 50 亩，葡萄 50 亩以及樱桃、李子、板栗等珍稀果树。

2016 年春天，合作社共有流转土地 3 120 亩，注册了成立了石家庄英辰农业开发有限公司。对流转土地种植结构进行了调整，500 亩苹果树间不再种植小麦，种上了春季红薯和大葱、夏茬胡萝卜，其余地全部种上

了冬小麦，亩产均在450千克以上。夏茬种上了1 500亩谷子，亩产均在275千克以上，售价1.05元/千克。种植大豆1 000余亩，亩产230千克，售价1.10元/千克。种植其他作物100余亩，加上国家经济林补贴，全年收益116万余元，亩平均收益373元。做到了以粮养林。2017年苹果树可挂果，将得到回报，其他果树也可有少量收益。

二、英辰的致富经

谈起致富奔小康，韩英辰滔滔不绝。他说："引领农民致富奔小康，是一项基本国策，在许多方面国家都有扶持政策，作为一个农民来说，我觉得重点要把握住以下几个方面。"

第一，要善于观察形势，了解政策，把握机遇，选好项目。

第二，要解放思想，破除小农意识，要善于探索，敢为人先。

第三，不干不富，小干小富，大干才能大富。

谈起种植经验，他更是深有体会。他说，经过几年的经营种植，积累了一些经验，也得到了一些教训。

（1）小麦是家乡种植多年的主要农作物，藁城又是全国优质麦育种基地，藁城区农科所育成的小麦品种"藁优2018"是合作社首选品种，并且优质优价，比普通小麦商品粮每亩约增收100元。

（2）谷子要想丰产丰收，也必须选择优良杂交品种。张杂系列和懒谷3号品种不错，施足底肥，精细整地，适时适量播种，播后在24小时内喷"谷友"除草剂（杂交种子配套

果树套种大豆模式

供应），以封严地皮，控制杂草出土。当谷苗长到 3~5 片叶时，喷间苗剂，杀死不纯苗和杂草（种子专用配套农药）。要适时收获，张杂系列谷子不能熟的太老，因为谷穗大，收割晚了容易倒伏，应在谷穗还有个别绿籽时开始收割，确保不倒伏。

（3）大豆这几年都很畅销，价格也不错，而且投入少，用工少，适合多种。关键要掌握几点：一是选择优种，石豆系列和中黄系列适合栽植；二是适时适量播种；三是及时喷除草剂；四是基本落完叶收获。

（4）种植红薯要提前找好销路，签订产销合同。2016 年就吃了没有签订合同的亏，300 亩红薯靠市场销售，后来有一部分没有销出去，做成了粉芡，效益受损。

（5）种植蔬菜风险较大。2016 年春天种了 70 亩大葱，4 月下旬定植，长势喜人，人人都夸，准备在 7 月下旬 8 月上旬出售，结果在 7 月 19 日一场暴风雨使之全部倒伏，虽经及时补救，但收获甚微。但在随后的 100 亩秋季大葱亩产 6 000 千克，每千克售价 1.80 元，亩收益 5 400 元，收益可观。

（6）种植胡萝卜值得推广，利用种植新技术，费用不大，产量不小，收益不少。麦收后，深耕精细整地，不能有坷垃，起高垄，行距 70 厘米，每垄背上用专用播种机适量播两行，播后及时喷除草剂，以封住地面，防杂草出土。萝卜苗长到 5 厘米时，及时将多余苗和双棵苗间掉，株距保持 7 厘米左右，亩留苗 2.5 万 ~3 万棵，亩产 3 500 ~5 000 千克，亩收益可达 3 500 ~4 000 元，而且胡萝卜耐储存，在冷库可放到来年 5 月，常温保存也能存两个月，可在理想的行情时出售。胡萝卜营养丰富，是人们餐桌上一年四季不可缺少的蔬菜，是值得推广种植的蔬菜品种。

三、正在紧张建设中的千亩观光园

该公司集旅游、休闲、采摘为一体的千亩观光园，西邻石家庄化工循环园区，向东北 5 千米到藁城城区。根据道路规划，藁城区南环暨建设路将西延至石家庄化工园区，这条道路从观光园区中间穿过，道路设计为双向 8 车道，建成后交通极为便利。观光园区北邻第四航校机场，天山集团和南营镇规划利用原有机场跑道，利用天山集团在民用航空领域的技术优势，打造以通航文化、通航体验主题游乐、通航社群为核心的通航小镇，助力石家庄打造世界通航之都。这一工程完成后，将对观光园带来无限生机。

英辰公司计划以现有种植为基础，进一步优化调整、完善，春天赏花，梨花一片白，杏花、桃花一片粉红，5月早桃上市，樱桃成熟。7—8月各种瓜果成熟至秋末初冬晚苹果收获，加上冬季温室瓜果采摘，这样就做到了一年四季随时可赏花采摘。

建造100亩的塑料大棚和日光温室，种植反季节蔬菜和时令水果。种植草莓、荷兰瓜、小番茄，引种中国台湾火龙果，填补冬天采摘空挡，做到一年四季有花有果有新鲜蔬菜。

建造"一湖一塘"。"一湖"即占地30余亩的集游泳、划船、游玩于一体的人工湖。"一塘"即占地10余亩的养鱼塘，塘内金鱼摆尾，莲花飘香。周边建有数十米宽的休闲林地、停车场，人们可在绿荫下休闲、玩耍、聊天、散步。

自建设路北边至鱼塘有300多米的距离，在这中间建设集吃、住、玩、乐于一体的休闲度假村，建一个别墅群和大型停车场。

此园计划于2019年年初开园，届时，人们将在这里享受碧水蓝天、鸟语花香，呼吸着林中的新鲜空气，放松您那忙碌了多时的心情。

英辰公司正在腾飞！

英辰公司即将远航！！

为了大地的丰收

——藁城区泽农农业开发有限公司董事长梁孟亮

梁孟亮，男，藁城区南孟镇杜家庄村人，1986年出生，大专学历。2013年至今任石家庄市藁城区泽农农业开发有限公司法定代表人、总经理。2016年，被石家庄市委、市政府首批命名为"河北省农村青年拔尖人才"。现为石家庄市委社情民意联络员。2014年以来，该企业3次被石家庄市人民政府认定为重点龙头企业。

2006年，梁孟亮大学毕业后，立志回乡创业。2008年承包了100亩土地，建立了蔬菜种植基地。2009

年，成立了藁城市泽农农业开发有限公司，注册资金2 000万元。2013年承接了河北省藁城市年产184万千克设施蔬菜种植基地新建项目，出色地完成了该基地的各项标准化建设。该企业强化品牌意识，注重品牌建设，积极开展农超对接，通过"基地＋农户""基地＋超市""基地＋配送企业"等多种方式，发展果蔬加工、净菜上市和礼品果蔬，实现了果蔬产业经营多样化，创建了省级标准示范基地。

近年来，农业结构调整缓慢，优

泽农农业开发有限公司总经理梁孟亮

第一篇

石家庄市藁城区农业致富典型

泽农农业开发有限公司 办公楼

化程度低，农业增收困难。为了促进农民增收，河北省政府提出"一牧、二果、三蔬菜"的农业产业结构调整战略。泽农农业开发有限公司积极响应上级号召，注重新技术、加强了新设备的引进和应用，大力发展设施果蔬种植。

目前，该公司果蔬种植面积达600余亩，全部采用滴灌，总投资3 000余万元，建设无立柱全钢架日光温室83座，其中，育苗室5座，安排农村剩余劳动力300余人，建成了藁城区最大的连片温室果蔬基地。引进了新型技术并聘请技术人员指导农户种植技术、病虫害防治技术，收获期统一采摘、销售，保证蔬菜的销售

棚室黄瓜

渠道畅通，推进了藁城区蔬菜布局区域化、生产标准化、管理集约化、产品优质化、经营产业化。现公司种植有番茄、黄瓜、青椒、彩椒、甜瓜、葡萄等优质作物，实现了规模化、标准化、品牌化生产。该公司科学的运营管理模式、较大的规模生产能力、充足的资金投入、专业的技术研发团队以及产业化一条龙服务，示范带动科技推广面积达 2 万亩，为 2 000 余户农民开辟了就业新渠道，带领广大农民走共同富裕的道路。在公司不断发展壮大的同时，公司多次组织广大种植户和村民参加种植技术专题培训讲座，耐心解答村民的疑难问题，提高他们的种植技术。

绿色辣椒

不负众望，继续前行。泽农农业开发有限公司以果蔬保鲜、果蔬深加工、休闲采摘为未来主导方向，发展差异化种植，致力打造真正意义上的农业产业化，农产品品牌化，让农业规模化种植的优势充分体现出来。在强化公司发展的同时，带动当地富余劳动力就业，让一方百姓随之受益，做到真正的发展于民，造福于民。

大棚葡萄

小蘑菇"撑"起致富伞

——记藁城区兴安镇西里村平菇种植大户米国民

近两年来，小麦、玉米等普通大宗农产品价格低迷，而土地、人力、生产资料的成本又持续攀升，仅依赖普通粮食种植农民持续增收乏力。

兴安镇西里村米国民是远近闻名的平菇种植能手，致富典型。他种植平菇 5 亩，已有 7 年种植经验，年收入 12 万 ~ 13 万元，如果种植小麦、玉米大田作物 5 亩地的年收入只有 2.4 万元。另外，平菇生长期为 10 月至翌年 4 月底，平菇采收后菇棚空闲期间，还可以种植应季蔬菜，又增加一些收入。平菇为真菌植物门真菌侧耳的子实质体，是栽培广泛的食用菌，含丰富的营养物质，栽培方法成熟。因此，种平菇投资少、风险小、易学。为调整优化种植结构，为农民增收致富提供一些思路。现将兴安镇西里村米国民种植平菇的经验总结如下。

平菇种植能手 米国民

一、平菇的生长条件

1. 营养条件

平菇属木腐生菌类。菌丝通过分泌多种酶，能将纤维素、半纤维素、木质素及淀粉、果胶等成分分解成单糖或双糖等营养物，作为碳源被吸收利用，还可直接吸收有机酸和醇类等，但不能直接利用无机碳。平菇以无机氮（铵盐、硝酸盐等）和有机氮化合物（尿素、氨基酸、蛋白质等）作为氮源。蛋白质要通过蛋白酶分解，变氨基酸后才能被吸收利用。平菇生长发育锁状联合中还需要一定的无机盐

菌棒蘑菇

类，其中以磷、钾、镁、钙元素最为重要。适宜平菇的营养料范围很广。

2.适宜温度

平菇孢子形成以 12~20℃ 为好，孢子萌发以 24~28℃ 为宜，高于 30℃ 或低于 20℃ 均影响发芽；菌丝在 5~35℃ 均能生长，最适温度为 24~28℃；形成子实体的温度范围是 7~28℃，以 15~18℃ 最为适宜。平菇属变温结实性菇类，在一定温度范围内，昼夜温度变化越大，子实体分化越快。所以，昼夜温差大及人工变温，可促使子实体分化。

3.好氧性

平菇是好气性真菌，菌丝和子实体生长都需要空气。空气中过高浓度的二氧化碳直接影响到平菇的呼吸活动，而有碍生长发育。平菇在菌丝生长阶段，可耐较低的氧分压，而在子实体发育阶段，对氧气的需要急剧增加，宜在通风良好的条件下培育，空气中的二氧化碳含量不宜高于 0.1%，缺氧时不能形成子实体，即使形成，有时菌盖上产生许多瘤状突起。

4.光照

平菇的菌丝体在黑暗中正常生长，不需要光线，有光线照射可使菌丝生长速度减慢，过早地形成原基，不利于提高产量。子实体分化发育需要一定的散射光，光线不足，原基数减少。已形成子实体的，其菌柄细长，菌盖小而苍白，畸形菇多，不会形成大菌盖。但是直射光及光照过强也会妨碍子实体的生长发育。

5. 酸碱度

平菇对酸碱度的适应范围较广，pH值在3~10时均能生长；但喜欢偏酸环境，pH值在5.5~7时，菌丝体和子实体都能正常生长发育。平菇生长最适pH值为5.4~6。平菇生长发育过程中，由于代谢作用产生有机酸和醋酸、琥珀酸、草酸等，使培养料的pH值逐渐下降。此外，培养基在灭菌后pH值也会下降，所以，在配制培养料时应调节pH值为7~8为好。为了使菌种稳定生长在最适pH值内，在配制培养基时，常添加0.2%的磷酸氢二钾（K_2HPO_4）和磷酸二氢钾（KH_2PO_4）等缓冲物质，如果培养过程中产酸过多，可添加少许中和剂——碳酸钙（$CaCO_3$），使培养基不致因pH值下降过多而影响平菇的生长，在大量生产中也常常用石膏或石灰水调节酸碱度。

二、菇棚建设

大棚应坐北朝南，设在地势高、靠近水源、排水方便的地方。从地面下挖1.5~2米深坑，建为半地下式菇棚，有利于冬季保温和夏季防暑。墙面下部和地面整实，四周挖排水沟。从下挖的地面墙壁伸出45°坡的排气管道，防止通气不良。棚内栽培面积300平方米为宜。屋顶、墙壁要厚，门窗安排要合理，有利于保温、保湿、通风和透光。内墙和地面用石灰粉刷，水泥抹光，以便消毒。为了充

平菇

分利用菇房空间，还可在菇房内设置床架，进行栽培。床架南北排列，四周不要靠壁、床架之间留60厘米宽的走道。上下层床面相距50厘米，下层离地20厘米，上层不要超过窗户，以免影响光照。床面宽不超过1米，便于管理。床面铺木板，竹竿或秸秆帘等。

菇房在使用前要消毒，100立方米菇房可用甲醛1千克、高锰酸钾0.5千克，加热密闭熏蒸24小时，以减少杂菌污染和虫害发生。

三、培养料配置

常用培养料为棉籽壳44%，玉米芯粉44%，麦粉、玉米粉各5%，红糖、石膏各1%。在拌料时加入2%的石灰粉，边淋水、边踏踩、边翻拌，直到棉籽壳含水量达到60%~65%为止；或用玉米芯粉90%、米糠9%、石灰1%，干料混合，加水翻拌均匀，至含水适量为止。选择晴朗的下午建堆，堆宽1.2米、高1米。建好堆后，每隔40厘米等距离上下打洞，盖薄膜或草苫发酵。当堆温至60℃以上时，保持10小时翻堆。发酵5天左右，期间翻堆3次。待温度降至30摄氏度左右时装袋。灭菌筒袋宜选用宽25厘米左右的聚乙烯袋，剪成40~50厘米长，装料要掌握松实适中。然后将装好的营养料袋上锅灭菌，当温度

达到100℃，保持15小时以上，并闷一夜，第二天出锅。待料温降至30摄氏度以下时搬入接种室接种。每支菌棒1.5~1.8千克，要尽量装填的大小均匀。

菌棒密集堆码，尽量将菌棒码高、码宽，以利于聚温、增温和保温。堆码方法：每码四排为一段，每排码7个菌棒，每排之间留5厘米左右的间隙，以便于换气，每段之间距离67厘米，以便于人员行走管理和翻堆。菌棒码好后覆盖2层塑料薄膜。菌棒在发菌过程中会产生热量，随着菌丝逐渐发满所产生的热量更多，要谨防高温烧菌。

四、种植管理

1. 发菌期管理

发菌期管理的主要任务是调温、保湿和防止杂菌污染。为了防止杂菌污染，播种后10天之内，室温要控制在15℃以下。播后两天，菌种开始萌发并逐渐向四周生长，此时，每天都要多次检查培养料内的温度变化，注意将料温控制在30℃以下。若料温过高，应掀开薄膜，通风降温，待温度下降后，再盖上薄膜。料温稳定后就不必掀动薄膜。10天后菌丝长满料面，并向料层内生长，此时可将室温提高到20~25℃。发现杂菌污染，可将石灰粉撒在杂菌生长处，或用0.3%

多菌灵揩擦。此期间将空气相对湿度保持在 65% 左右。在正常情况下，播种后，20～30 天菌丝就长满整个培养料。

2. 出菇期管理

每天要在气温最低时打开菇房门窗和塑料膜 1 小时，然后盖好，这样加大温差，促使子实体形成。还要根据湿度进行喷水，使室内空气相对湿度调至 80% 以上。达到生理成熟的菌丝体，遇到适宜的温度、湿度、空气和光线，就扭结成很多灰白色小米粒状的菌蕾堆。这时可向空间喷水雾，将室内空气相对湿度保持在 85% 左右，切勿向料面上喷水，以免影响菌蕾发育，造成幼菇死亡。同时要支起塑料薄膜，这样既通风又保湿，室内温度可保持在 15～18℃。菌蕾堆形成后生长迅速，2～3 天菌柄延伸，顶端有灰黑色或褐色扁圆形的原始菌盖形成时，把覆盖的薄膜掀掉，保持室内空气相对湿度在 90% 左右。

五、平菇采收

当平菇菌盖基本展开，颜色由深灰色变为淡灰色或灰白色，孢子即将弹射时，是平菇的最适收获期。这时采收的平菇，菇体肥厚，产量高且味道美。采收方法，要用左手按住培养料，右手握住菌柄，轻轻旋扭下。也可用刀子在菌柄基部紧贴料面处割

下。采大朵留小朵，一般情况下，播种一次可采收 3～4 批菇。每批采收后，都要将基面残留的死菇、菌柄清理干净，以防止下批生产烂菇。盖上薄膜，停止喷水 4～5 天，然后再少喷水，保持料面潮湿。大约经 10 天左右，料面再度长出菌蕾。仍按第一批菇的管理方法管理。

六、产品销售

为了确保销路，米国民联合多家蘑菇种植户成立了鸿福鑫顺服务种植专业合作社，在石家庄市、保定市的大型超市和菜市场建立直销店，发展专门对口的订单式种植。蘑菇种植前就已经找好了买家，顺畅销售避免风险。

七、经济效益

占地 5 亩的菇棚，建造成本约 14 000 元，菌种、基料、用工成本 55 000 元。每个大棚产平菇 5 万千克，平菇均价 3 元/千克，菇棚第一年纯利润就可达到 8 万元，除去塑料膜等消耗品投资，以后平均每年利润可达 10 万元左右，如果种植传统的小麦、玉米或者出租土地年利润只有 4 000～5 000 元，对比种植蘑菇增收显著。

第二篇

石家庄市藁城区农业种植技术模式

日光温室秋冬茬芹菜—育苗 —冬春茬黄瓜栽培技术

该模式是近几年藁城区农业高科技园区内进行示范推广的一种高效优化模式之一，它通过改变温室结构参数，引试新品种，膜下滴灌，两膜一网一黄板技术的应用，再加上合理安排茬口，从而获得较高的产量及效益。秋冬茬芹菜亩产7 000千克，产值1.05万元，纯效益0.9万元。收完芹菜后育苗（对外），此时温室需要阶段加温来满足育苗的需要，每亩育苗量在20万株左右，每株苗手续费按0.1元计，每亩纯收益2万元。育苗结束定植冬春茬黄瓜，每亩产量7 500千克，平均售价每千克3.0元，产值2.25万元，除去成本0.4万元，纯效益1.85万元。该模式一年纯效益4.75万元。

一、设施类型及结构

日光温室为土墙钢筋骨架结构温室，建造时间为2008—2010年，长120～145米，内跨度为12米，外跨度为18米，脊高5米，后墙底宽7米，顶宽2～3米，下挖1.2米，单栋建造

成本8万元左右，深冬可以生产喜温果菜类（如果搞育苗要有加温设备），实现周年生产。

二、栽培技术

秋冬茬芹菜于7月上旬育苗，9月上旬定植，11月下旬至12月上旬上市，12月下旬收获完毕。在12月底育冬春茬苗，苗龄30～40天。冬春茬黄瓜于2月上中旬定植，3月中旬开始采收，6月下旬采收完毕。

1. 秋冬茬芹菜关键技术

（1）品种与秧苗。选用优质、抗病、耐热、适应性广、纤维少、实心、品质嫩脆的西芹品种，可选用文图拉、加州王、高优它等。在棚内做南北向畦，畦净宽1.2米（老棚要将畦内10厘米土壤起出来，换成未种过菜的肥沃大田土）。每畦再施入经过充分发酵、腐熟、晾干、捣碎并过筛的鸡粪0.2立方米，50%多菌灵80克，磷酸二铵0.5千克，翻地10厘米，将肥、药、土充分混匀，耙平、耙细待播。每10

平方米苗床可播种子 8～10 克，育 1 亩地芹菜苗需用种 80～100 克。播种前将种子用清水浸泡 24 小时，搓洗几次，置于 15～20℃环境下进行低温催芽，当有 70%左右种子露白即可播种。播种前先将畦内浇灌水，水渗后播种。播种后出苗前，苗床要用湿草帘覆盖，并经常洒水。苗齐后，要保持土壤湿润，当幼苗第一片真叶展开时进行间苗，疏掉过密苗、病苗、弱苗，苗距 3 平方厘米，结合间苗拔除田间杂草。当有 3～4 片真叶时，进行分苗。苗间距（6～8）厘米×（3～4）厘米。定植前 10 天，停止供水，行间松土，2～3 天后浇 1 次水，以后 4～5 天不浇水，促进发根壮根。同时，增加见光，逐步缩短遮阳网覆盖时间。苗期正处于高温多雨季节，在大棚内采用一网一膜覆盖（即一层遮阳网防止高温，1 层棚膜防暴雨冲刷）。壮苗标准为苗龄 60 天左右，5～6 片叶，茎粗壮，叶片绿色，完整无缺损，无病虫害，苗高 15～20 厘米，根系发达。

（2）施肥与整地。每亩施腐熟好的优质有机肥 3 000～5 000 千克，尿素 10 千克，过磷酸钙 50 千克，硫酸钾 30 千克。将肥料均匀洒在日光温室内，深翻 40 厘米，纵横各深翻一遍，耙后做平畦。

（3）定植。于晴天傍晚进行定植，带土移栽。行距 40 厘米，株距 20～25 厘米，每亩定植 8 000 株左右。每穴 1 株，培土以埋住短缩茎露出心叶为宜，边栽边封沟平畦，随即浇水，切忌漫灌。

（4）田间管理。

① 温度管理：定植到缓苗阶段的适宜温度为 18～22℃，生长期的适宜温度为 12～18℃，生长后期温度保持在 10℃以上。幼苗发生萎蔫时，要遮花荫。11 月初上草苫子，晴天以太阳出揭苫，以太阳落盖苫；阴天，比晴天晚揭早盖 1 小时。深冬季节注意保温，白天温度达 20℃以上时，开天窗通风，夜间最低气温保持在 10℃以上。

② 浇水追肥：定植后缓苗期，应保持土壤湿润，注意遮阳，防止烈日曝晒。进入生长期后，应加强肥水管理，勤施少施，不断供给速效性氮肥和磷钾肥。追肥应在行间进行。定植后 10～15 天，每亩追尿素 5 千克，以后 20～25 天追肥 1 次，每亩一次追尿素和硫酸钾各 10 千克。定植后 2 个月后，进入旺长期，应肥水齐攻，每亩用尿素和硫酸钾各 10 千克，深秋和冬季应控制浇水，浇水应在晴天 10:00-11:00 进行，并注意加强通风降湿，防止湿度过大发生病害。浇水后要有连续 3～5 天以上的晴天，每次

浇水量都不要过大，以防水大造成死苗。采收前 10 天停止追肥、浇水。

③ 病虫害防治：芹菜的病虫害主要有斑枯病、早疫病、软腐病、蚜虫、白粉虱等。

斑枯病　阴天时用熏蒸法：45% 百菌清烟剂每亩每次 200 克，傍晚暗火点燃闭棚过夜，连熏 2 次，间隔 10 天 1 次；发病初期可用 75% 百菌清可湿性粉剂 600 倍液或 50% 多菌灵可湿性粉剂 800 倍液喷雾。

早疫病　百菌清烟剂每亩每次 200 克熏两次，间隔 10 天；用 50% 多菌灵可湿性粉剂 800 倍液或 10% 世高 1 500 倍液喷雾。

软腐病　发病初期用 77% 可杀得 2 000 倍液或新植霉素 3 000 倍液喷雾。

蚜虫、白粉虱　用 1.8% 阿维菌素乳油 3 000 倍液，或用 10% 吡虫啉可湿性粉剂 1 500 倍液喷雾。

2. 对外育苗关键技术

（1）穴盘和基质消毒。对重复使用的穴盘和自配基质必须进行消毒；穴盘应摆放在与土壤隔离的育苗床架或塑料薄膜之上。重复使用的穴盘，在使用前采用 2% 的漂白粉充分浸泡 30 分种，用清水漂洗干净。自配基质可喷施 50% 多菌灵 500 倍液，并用塑料薄膜密封一星期后使用，以

达到灭菌消毒效果。

（2）基质装盘。

① 基质预湿：根据穴盘和基质消毒要求选择商品基质或自配基质，调节基质含水量至 50% ~ 70%，即用手紧握基质，有水印而不形成水滴，落地散开。

② 装盘：将预湿好的基质装入穴盘中，使每个孔穴都装满基质，表面平整，装盘后各个格室应能清晰可见，穴盘错落摆放，避免压实。

（3）播种。

① 种子处理：购买的包衣种子可直接播种。未处理的种子可进行温汤浸种或药剂消毒，浸种过程中除去秕籽和杂质，用清水将种子上的黏液洗净，待种子风干后播种。

② 播种：将装满基质的穴盘压穴、播种、覆盖、浇水，每穴播种 1 粒种子，根据种子大小掌握播种深度，播深 1 ~ 2 厘米。种子盖好后喷透水，以穴盘底部渗出水为宜，以后进行催芽。

（4）催芽。

① 催芽环境：在保温、保湿条件下催芽，催芽温度为 25 ~ 30℃，保持日夜温差 5 ~ 10℃。

② 催芽方法：

催芽室催芽　育苗盘可错开垂直码放在隔板上，盘上覆盖一层白色地膜保湿，并经常向地面洒水增加空气

湿度,等种子60%拱土时挪出。

苗床催芽 育苗盘整齐排放在与地面土壤隔离的苗床上,苗盘上面覆盖白色地膜保湿,当种芽伸出时,及时揭去地膜。

(5)苗期管理。

①子苗期的管理:子苗期为子叶拱土到真叶吐心的时期,这一时期是种苗最容易发生徒长的时期。管理要点是适当控制水分,降低夜温,充分见光,防止徒长。白天温度控制在幼苗生长适宜温度,有条件应保证日夜温差在10℃以上,通过增加温差控制子苗期的徒长。逐渐增加光照,基质相对湿度保持80%左右。

②成苗期管理:成苗期是指从真叶吐心到达到商品苗标准的时期,管理要点是降低基质湿度和空气温度,适当提高施肥浓度,采用干湿交替方法进行苗期水分管理;对于发生徒长的蔬菜幼苗,可使用适宜浓度的生长调节剂控制徒长,并及时出圃,避免种苗老化。

③成苗到定植前的管理:此阶段在温度控制上应适当降低温度2~3℃,控制浇水,保持基质在半干燥状态,以利于定植成活和缓苗。出圃前施用广谱性杀菌剂1次,预防定植期间的病害。

(6)苗期病虫害防治。按照"预

防为主,综合防治"的植保方针,坚持"农业防治、物理防治为主,化学防治为辅"的无害化控制原则。

(7)运输条件。温度接近运输途中和目的地的自然温度,冬季5~10℃,不得高于15℃;空气相对湿度保持在70%~75%。其他季节的运输温度15~20℃,不得高于25℃;空气相对湿度保持在70%~75%。

3.冬春茬黄瓜关键技术

(1)品种与秧苗。选择优质、高产、抗病、抗逆性强的黄瓜品种:冀美801、津优35等品种。按上述操作进行育苗,农户可以到园区去买苗用。

(2)施肥与整地。结合整地,每亩施优质腐熟有机肥5 000千克以上,氮、磷、钾三元复合肥50千克,然后深翻土地30厘米。采用膜下滴灌,耕翻后的土地整平,然后起台,台宽60厘米,台高6~10厘米,台与台之间90厘米,整好台备用。

(3)定植前棚室消毒。每亩棚室用硫黄粉2~3千克,加80%敌敌畏乳油0.25千克,拌上锯末,分堆点燃,然后密闭棚室一昼夜,经放风,无味时再定植。

(4)定植。于2月上中旬进行定植。在台上按30厘米挖穴,每亩定植2 400~2 800株。

（5）田间管理。

① 缓苗：中耕后安装滴灌管，然后在台边开小沟，覆盖地膜，进行调整植株，把膜压好。

② 环境调控：

温度管理　缓苗期时白天以 25～28℃，夜间以 13～15℃ 为宜。初花期时适当加大昼夜温差。以增加养分积累，白天超过 30℃ 从顶部通风，午后降到 20℃ 闭风，一般室温降到 15℃ 时放草苦。果期白天保持 25～28℃，夜间 15～17℃。

光照　采用透光性好的功能膜，冬春季保持膜面清洁，日光温室后部张挂反光幕，尽量增加光照强度和时间。

湿度　最佳空气相对湿度，缓苗期 80%～90%、开花结瓜期 60%～70%，结瓜期 50%～60%。

增施二氧化碳　冬春季节增施二氧化碳气肥，使室内的浓度达到 800～1 000 毫克/千克。

③ 水肥管理：定植后及时浇水，可水带生根肥，如根多多、多维肥精等生根的肥料，每亩可用 5 千克，有利于黄瓜生根，加速缓苗。因为天气冷，温度低，尽量少浇水。如旱可用滴灌浇少量水，等座住瓜后加大水量及增加浇水次数。滴灌施肥要求少量多次，苗期和开花期不灌水或滴灌 1～2 次，每次每亩灌水 6～10 立方米，加肥 3～5 千克。瓜膨大期至采收期每隔 5～10 天滴灌 1 次，每次每亩灌水 6～12 立方米，施肥 4～6 千克；视黄瓜长势，可隔水加肥一次。拉秧前 10～15 天停止滴灌施肥。建议使用滴灌专用肥，要求养分含量要高，含有中微量元素。氮、磷、钾比例前期约为 1.2：0.7：1.1，中期约 1.1：0.5：1.4，后期约 1：0.3：1.4。一般在灌水 20～30 分钟后进行加肥，以防止施肥不均或不足。

④ 植株调整及保瓜疏瓜：及时去掉下部黄化老叶，病叶，病瓜，视情况放绳向下坠秧。

（6）病虫害防治。

① 物理防虫：设防虫网阻虫，在通风口用尼龙网纱密封，阻止蚜虫、白粉虱迁入。

② 黄板诱杀白粉虱：用废旧纤维板或纸板剪成 100 厘米 ×20 厘米的长条，涂上黄色漆，同时，涂上一层机油，挂在行间或株间，高出植株顶部，每亩挂 30～40 块，当黄板粘满白粉虱时，再涂一层机油，7～10 天重涂 1 次。

③ 药剂防治病虫害。

霜霉病　每亩用 5% 百菌清粉尘 1 千克喷粉，7 天喷 1 次。用 72% 克露可湿性粉剂 500 倍液，或 72.2% 普力克水剂 800 倍液喷雾，药后短时间闷棚升温抑菌，效果更好。

细菌性斑点病　用 77% 可杀得 2 000 倍液或 72% 农用硫酸链霉素可溶性粉剂 4 000 倍液，7 天喷 1 次。

灰霉病　用 50% 腐霉利可湿性粉剂 1 500 倍液或 40% 施佳乐 1 200 倍液喷雾。

白粉病　25% 的三唑酮(粉锈宁、百里通)可湿性粉剂 2 000 倍液，或 30% 特富灵可湿性粉剂 1 500～2 000 倍液喷雾。

病毒病　首先要防治蚜虫，用 10% 吡虫啉可湿性粉剂 1 500 倍液喷雾防治。病毒病防治：定植后 14 天、初花期、盛花期分别喷 100 倍 "NS83" 增抗剂预防，发生后用 20% 毒克星可湿性粉剂 500 倍液喷雾，7～10 天喷 1 次，连喷 3～5 次。

温室白粉虱　用 1.8% 阿维菌素乳油 3 000 倍液，或用 10% 吡虫啉可湿性粉剂 1 500 倍液喷雾。

斑潜蝇　用 1.8% 阿维菌素乳油 3 000 倍液，或 48% 乐斯本乳油 1 000 倍液喷雾。

蚜虫　用 1.8% 阿维菌素乳油 3 000 倍液，或 10% 吡虫啉可湿性粉剂 1 500 倍液喷雾。收获前 15 天停止用药。

日光温室秋冬茬球茎茴香—育苗—冬春茬番茄栽培技术

该模式是近几年藁城区农业高科技园区内进行示范推广的一种高效优化模式之一，通过改变温室结构参数，引试新品种，膜下滴灌，两膜一网一黄板技术的应用，再加上合理安排茬口从而获得较高的产量及效益。秋冬茬球茎茴香亩产 3 000 千克，产值 0.9 万元，纯效益 0.8 万元。收完球茎茴香后育苗（对外），此时温室需要阶段加温来满足育苗的需要，每亩育苗量在 20 万株左右，每株苗手续费按 0.1 元计，每亩纯收益 2 万元。育苗结束定植冬春茬番茄，每亩产量 8 000 千克，平均售价每千克 3.0 元，产值 2.4 万元，除去成本 0.5 万元，纯效益 1.9 万元。这种模式一年纯效益 4.7 万元。

一、设施类型及结构

日光温室为土墙钢筋骨架结构温室，建造时间为 2008—2010 年，长 120～145 米，内跨度为 12 米，外跨度为 18 米，脊高 5 米，后墙底宽 7 米，顶宽 2～3 米，下挖 1.2 米，单栋建造成本 8 万元左右，深冬可以生产喜温果菜类（如果搞育苗要有加温设备），实现周年生产。

二、栽培技术

秋冬茬球茎茴香于 7 月下旬育苗，8 月下旬定植，11 月下旬至 12 月上旬上市，1 月上旬收获完毕。在 1 月中旬育冬春茬苗，苗龄 30～40 天。于 2 月下旬定植，4 月中下旬开始采收，7 月上旬采收完毕。

1. 秋冬茬球茎茴香关键技术

（1）品种与秧苗。选用高产、优质、抗病的荷兰早熟品种。苗床准备：苗床耙细耙平后施入腐熟的有机肥，再浅翻一遍，精细整平，浇透底水，水渗后撒一薄层过筛的细土。苗床每平方米播种量 4 克，育 1 亩地球茎茴香的苗播种量需 120 克。播前用凉水浸种 24 小时后，放在荫凉的地方催芽，在 20～25℃的温度下，每天用温水冲洗 1 次，5～6 天即可出芽。将催好芽的种子均匀撒播于苗床上，然后撒盖细土 1 厘米厚，同时遮盖上遮阳网。出苗后浇水 1 次，撤去遮阳

第二篇

石家庄市藁城区农业种植技术模式

网，再向畦面撒 0.5 厘米的细土，有 1~2 片真叶时分苗。注意蚜虫危害。出苗后白天保持 20~25℃，最高不超过 28℃，夜间 15℃ 左右。齐苗后浇 1 次小水。1~2 片真叶时剔除过密苗，3~4 片真叶时按 6 平方厘米间留苗。

（2）施肥与整地。定植前，每亩施有机肥料 3 000 千克以上，磷酸二铵 20 千克，硫酸钾 15 千克，尿素 20 千克，进行精细整地备用。

（3）定植。在 8 月下旬，幼苗长有 5~6 片真叶，高 15 厘米左右时，按行距 40 厘米，株距 30 厘米，带土坨定植于温室内。定植前浇透水，定植后浇定根水。

（4）田间管理。

① 温度管理 定植后保持温度：白天 25~28℃，夜间 15~20℃；茎叶生长期白天 20~25℃，夜间 10~12℃；球茎膨大期白天 18~25℃，夜间 10℃。

② 肥水管理 定植后 3~4 天浇缓苗水，不宜过大，缓苗后中耕蹲苗 10 天左右，以促进根系生长。球茎开始膨大至收获前小水勤浇，保持土壤湿润；7~8 片叶时第一次追肥，追施尿素 10 千克，球茎开始膨大时进行第二次追肥，追施氮、磷、钾复合肥 30 千克，球茎开始膨大之前要适当控水，追施尿素 10 千克。

③ 病虫害防控 球茎茴香病虫害较少，如发生主要有：猝倒病、菌核病、蚜虫及菜青虫。

④ 猝倒病防控 苗期不使用大水漫灌，控制环境的湿度，初发现病株及时清除，并喷洒 70% 乙磷·锰锌可湿性粉剂 500 倍液，或 72% 杜邦克露可湿性粉剂 800 倍液。

⑤ 菌核病防控 用 40% 菌核净可湿性粉剂 500 倍，或 50% 速克灵可湿性粉剂 800 倍液喷雾防治，每 7~10 天喷洒 1 次，连喷 2 次。

虫害主要有蚜虫和菜青虫，可用 0.5% 芦藜碱醇溶液 1 000 倍液喷雾。

2. 对外育苗关键技术

（1）穴盘和基质消毒。对重复使用的穴盘和自配基质必须进行消毒。穴盘应摆放在与土壤隔离的育苗床架或塑料薄膜之上。重复使用的穴盘，在使用前采用 2% 的漂白粉充分浸泡 30 分钟，用清水漂洗干净。自配基质可喷施 50% 多菌灵 500 倍液，并用塑料薄膜密封一周后使用，以达到灭菌消毒效果。

（2）基质装盘。

① 基质预湿：根据穴盘和基质消毒的要求选择商品基质或自配基质，调节基质含水量至 50%~70%，即用手紧握基质，有水印而不形成水滴，落地散开。

② 装盘：将预湿好的基质装入穴盘中，使每个孔穴都装满基质，表面平整，装盘后各个格室应能清晰可见，穴盘错落摆放，避免压实。

（3）播种。

① 种子处理：购买的包衣种子可直接播种。未处理的种子可进行温汤浸种或药剂消毒，浸种过程中除去秕籽和杂质，用清水将种子上的黏液洗净，待种子风干后播种。

② 播种：将装满基质的穴盘压穴、播种、覆盖、浇水，每穴播种 1 粒种子，根据种子大小控制播种深度，播深 1~2 厘米。种子盖好后喷透水，以穴盘底部渗出水为宜，以后进行催芽。

（4）催芽。

① 催芽环境：在保温、保湿条件下催芽，催芽温度为 25~30℃，保持日夜温差 5~10℃。

② 催芽方法：

催芽室催芽　育苗盘可错开垂直码放在隔板上，盘上覆盖一层白色地膜保湿，并经常向地面洒水增加空气湿度，等种子 60% 拱土时挪出。

苗床催芽　育苗盘整齐排放在与地面土壤隔离的苗床上，苗盘上面覆盖白色地膜保湿，当种芽伸出时，及时揭去地膜。

（5）苗期管理。

① 子苗期的管理：子苗期为子叶拱土到真叶吐心的时期，这一时期是种苗最容易发生徒长的时期。管理要点是适当控制水分，降低夜温，充分见光，防止徒长。白天温度控制在幼苗生长适宜温度，有条件应保证日夜温差在 10℃ 以上，通过增加温差控制子苗期的徒长。逐渐增加光照，基质相对湿度保持 80% 左右。

② 成苗期管理：成苗期是指从真叶吐心到达到商品苗标准的时期，管理要点是降低基质湿度和空气温度，适当提高施肥浓度，采用干湿交替方法进行苗期水分管理；对于已发生徒长的蔬菜幼苗，可使用适宜浓度的生长调节剂控制徒长。并及时出圃，避免种苗老化。

③ 成苗到定植前的管理：此阶段在温度控制上应适当降低温度 2~3℃，控制浇水，保持基质在半干燥状态，以利于定植成活和缓苗。出圃前施用广谱性杀菌剂 1 次，预防定植期间的病害。

（6）苗期病虫害防治。按照"预防为主，综合防治"的植保方针，坚持"农业防治、物理防治为主，化学防治为辅"的无害化控制原则。

（7）运输条件。温度接近运输途中和目的地的自然温度，冬季 5~10℃，不得高于 15℃；空气相对湿

第二篇　石家庄市藁城区农业种植技术模式

度保持在 70%～75%。其他季节的运输温度 15～20℃，不得高于 25℃；空气相对湿度保持在 70%～75%。

3. 冬春茬番茄关键技术

（1）品种与秧苗。选择优质、高产、抗病、抗逆性强的番茄品种，如 313、欧盾、欧帝、天马 54 等。按上述操作进行育苗，农户可以到园区去买苗用。

（2）施肥与整地。结合整地每亩施优质腐熟有机肥 5 000 千克以上，氮、磷、钾三元复合肥 50 千克，然后深翻土地 30 厘米。采用膜下滴灌，将耕翻后的土地整平，然后起台，台宽 60 厘米，台高 6～10 厘米，台与台间距 90 厘米，整好台后备用。

（3）定植前棚室消毒。每亩棚室用硫黄粉 2～3 千克，加 80% 敌敌畏乳油 0.25 千克拌上锯末，分堆点燃，然后密闭棚室一昼夜，经放风，无味时再定植。

（4）定植。于 2 月下旬进行定植，在台上按 40 厘米挖穴，每亩定植 2 400～2 800 株。

（5）田间管理。

① 缓苗：中耕后，安装滴灌管，然后在台边开小沟，覆盖地膜，进行调整植株，把膜压好。

② 环境调控：

温度 缓苗期白天保持 25～30℃，夜间不低于 15℃。开花坐果期白天保持 20～25℃，夜间不低于 15℃。

光照 采用透光性好的功能膜，冬春季保持膜面清洁，日光温室后部张挂反光幕，尽量增加光照强度和时间。

湿度 最佳空气相对湿度缓苗期 80%～90%、开花坐果期 60%～70%，结果期 50%～60%。

增施二氧化碳：冬春季节增施二氧化碳气肥，使室内的浓度达到 1 000 毫克/千克左右。

③ 水肥管理：定植后及时浇水，可水带生根肥，如根多多、多维肥精等生根的肥料，每亩可用 5 千克，有利于番茄生根，加速缓苗。因为天气冷，温度低，尽量少浇水。如旱可用滴灌浇少量水，等坐住果后加大水量及增加浇水次数。滴灌施肥要求少量多次，苗期和开花期不灌水或滴灌 1～2 次，每次每亩灌水 6～10 立方米，施肥 3～5 千克。果实膨大期至采收期每隔 5～10 天滴灌 1 次，每次每亩灌水 6～12 方，施肥 4～6 千克；视番茄长势，可隔水加肥 1 次。拉秧前 10～15 天停止滴灌施肥。建议使用滴灌专用肥，要求养分含量要高，含有中微量元素。氮、磷、钾比例前期约为 1.2：0.7：1.1，中期 1.1：0.5：

1.4，后期约 1∶0.3∶1.7。一般在灌水 20～30 分钟后进行加肥，以防止施肥不均或不足。

④植株调整及保果疏果：用尼龙绳吊蔓。一般采用单杆整枝，做好摘心、打底叶和病叶工作。用 30～40 毫克/千克防落素蘸花，溶液中加入 5 毫克/千克的赤霉素和 50% 腐霉利 1 500 倍液，促果保果并兼治灰霉病。每穗留果 3～4 个，其余疏掉。

（6）病虫害防治。

①物理防虫：设防虫网阻虫，在通风口用尼龙网纱密封，阻止蚜虫、白粉虱迁入。

②黄板诱杀白粉虱：用废旧纤维板或纸板剪成 100 厘米 ×20 厘米的长条，涂上黄色漆，同时，涂上一层机油，挂在行间或株间，高出植株顶部，每亩挂 30～40 块，当黄板粘满白粉虱时，再涂一层机油，7～10 天重涂 1 次。

③药剂防治病虫害：

晚疫病 每亩用 5% 百菌清粉尘 1 千克喷粉，7 天喷 1 次。用 72% 克露可湿性粉剂 500 倍液或 72.2% 普力克水剂 800 倍液喷雾，药后短时间闷棚升温抑菌，效果更好。

早疫病 70% 代森锰锌 500 倍液或 10% 世高 1 500 倍液喷雾防治。

灰霉病 用 50% 腐霉利可湿性粉剂 1 500 倍液或 40% 施佳乐 1 200 倍液喷雾。

叶霉病 用 10% 世高 1 500 倍液或 2% 加收米 200 倍液雾。

病毒病 首先要防治蚜虫，用 10% 吡虫啉可湿性粉剂 1 500 倍液喷雾防治。病毒病防治：定植后 14 天、初花期、盛花期分别喷 100 倍"NS83"增抗剂预防，发生后用 20% 毒克星可湿性粉剂 500 倍液喷雾，7～10 天喷 1 次，连喷 3～5 次。

溃疡病 用 77% 可杀得 2 000 倍液或 72% 农用硫酸链霉素可溶性粉剂 4 000 倍液，7 天喷 1 次。

温室白粉虱 用 1.8% 阿维菌素乳油 3 000 倍液，或用 10% 吡虫啉可湿性粉剂 1 500 倍液喷雾。

斑潜蝇 用 1.8% 阿维菌素乳油 3 000 倍液或 48% 乐斯本乳油 1 000 倍液。

蚜虫 用 1.8% 阿维菌素乳油 3 000 倍液或 10% 吡虫啉可湿性粉剂 1 500 倍液喷雾。收获前 15 天停止用药。

日光温室秋冬茬番茄冬春茬番茄栽培技术

该模式是近几年藁城区农业高科技园区内、当地村示范标准园规模进行示范推广的一种高效优化模式之一，通过改变温室结构参数，引试新品种，膜下滴灌，两膜一网一黄板技术的应用，再加上合理安排茬口从而获得较高的产量及效益。秋冬茬番茄，每亩产量 6 000 千克，平均售价每千克 2.5 元，亩产值 1.5 万元，除去成本 0.3 万元，纯效益 1.2 万元。冬春茬番茄，每亩产量 8 000 千克，平均售价每千克 3.5 元，产值 2.8 万元，除去成本 0.5 万元，亩纯效益 2.3 万元。两茬番茄纯效益在 3.5 万元。

一、设施类型及结构

日光温室为土墙加砖结构温室，建造时间为 2000 年，长 70 ~ 100 米，内跨度为 9 米，脊高 3.5 米，后墙底宽 4 米，顶宽 1.5 ~ 2 米，下挖深度 1 米，单栋建造成本 5 万元左右，深冬可以生产果菜类，实现周年生产。

二、栽培技术

秋冬茬番茄于 6 月底育苗，7 月中下旬定植，9 月中旬开始采收，12 月中下旬收获完毕。冬春茬番茄在 11 月中旬育苗，于 12 月底定植，3 月中旬开始采收，7 月上旬采收完毕。

1. 秋冬茬番茄关键技术

（1）品种与秧苗。选择优质、高产、抗 TY 病毒病、抗逆性强的番茄品种，如欧官、313 等品种。农户可以到园区去买苗用。

（2）施肥与整地。结合整地每亩施优质腐熟有机肥 5 000 千克左右，氮、磷、钾三元复合肥 50 千克，然后深翻土地 30 厘米。采用膜下滴灌，耕翻后的土地平整然后起台，台宽 60 厘米、台高 6 ~ 10 厘米，台与台之间 90 厘米，整好台后备用。

（3）定植前棚室消毒。每亩棚室用硫黄粉 2 ~ 3 千克，加 80% 敌敌畏乳油 0.25 千克拌上锯末，分堆点燃，然后密闭棚室一昼夜，经放风，无味时再定植。

（4）定植。配制 68% 金雷水分散粒剂 500 倍液，对定植田间定植穴坑进行封闭土壤表面喷施，然后在7月底进行定植。在台上按40厘米挖穴，每亩定植2 400~2 800株。

（5）田间管理。

① 缓苗：中耕后安装滴灌管，然后在台边开小沟，覆盖地膜，进行调整植株，把膜压好。

② 环境调控：

温度　缓苗期白天保持25~30℃，夜间不低于15℃。开花座果期白天保持20~25℃，夜间不低于15℃。

湿度　最佳空气相对湿度缓苗期80%~90%、开花坐果期60%~70%，结果期50%~60%。

③ 水肥管理：定植后及时滴灌1次透水，每亩20~25立方米，可水带生根肥，如根多多、多维肥精等生根的肥料，每亩可用5千克，有利于番茄生根，加速缓苗。苗期和开花期不灌水或滴灌1~2次，每次每亩灌水6~10立方米，加肥3~5千克。果实膨大期至采收期每隔5~10天滴灌1次，灌水6~12立方米，每亩加肥4~6千克；视番茄长势，可在滴灌时停止加肥1次。拉秧前10~15天停止滴灌施肥。滴灌肥要求养分含量要高，含有中微量元素；氮、磷、钾比例前期约1.2：0.7：1.1，中期约1.1：0.5：1.4，后期约1：0.3：1.7。

④ 植株调整及保果疏果：用尼龙绳吊蔓。一般采用单杆整枝，做好摘心、打底叶和病叶工作。缓苗后可喷施1~2次1 000毫克/千克的助壮素，防止植株旺长。用30~40毫克/千克防落素蘸花，溶液中加入5毫克/千克的赤霉素和50%腐霉利1 500倍液，促果保果并兼治灰霉病。每穗留果3~4个，其余疏掉。

（6）病虫害防治。

① 物理防虫：设防虫网阻虫，在通风口用尼龙网纱密封，阻止蚜虫、白粉虱迁入。黄板诱杀白粉虱：用废旧纤维板或纸板剪成100厘米×20厘米的长条，涂上黄色漆，同时，涂上一层机油，挂在行间或株间，高出植株顶部，每亩挂30~40块，当黄板粘满白粉虱时，再涂一层机油，7~10天重涂1次。

② 药剂防治病虫害：

茎基腐病　定植后发生病害后应及时救治，可选用68%金雷水分散粒剂600倍液或72.2%普力克水剂600倍液喷雾或淋灌。

晚疫病　亩用5%百菌清粉尘1千克喷粉，7天喷1次。用72%克露可湿性粉剂500倍液或72.2%普力克水剂800倍液喷雾，药后短时间闷棚升温抑菌，效果更好。

早疫病 70%代森锰锌500倍液或10%世高1 500倍液喷雾防治。

灰霉病 用50%腐霉利可湿性粉剂1 500倍液或40%施佳乐1 200倍液喷雾。

病毒病 首先要防治蚜虫，用10%吡虫啉可湿性粉剂1 500倍液喷雾防治。病毒病防治。定植后14天、初花期、盛花期分别喷100倍"NS83"增抗剂预防，发生后用20%毒克星可湿性粉剂500倍液喷雾，7~10天喷一次，连喷3~5次。

溃疡病 用77%可杀得2 000倍液或72%农用硫酸链霉素可溶性粉剂4 000倍液，7天喷1次。

温室白粉虱 用1.8%阿维菌素乳油3 000倍液，或用10%吡虫啉可湿性粉剂1 500倍液喷雾。

斑潜蝇 用1.8%阿维菌素乳油3 000倍液或48%乐斯本乳油1 000倍液。

蚜虫 用1.8%阿维菌素乳油3 000倍液或10%吡虫啉可湿性粉剂1 500倍液喷雾。收获前15天停止用药。

2.冬春茬番茄关键技术

（1）品种与秧苗。选择优质、高产、抗病、抗逆性强的番茄品种，如天马54、欧盾、欧帝、313等品种。农户可以到园区去买苗用。

（2）施肥与整地。结合整地每亩施优质腐熟有机肥5 000千克以上，氮、磷、钾三元复合肥50千克，然后深翻土地30厘米。采用膜下滴灌，耕翻后的土地整平，然后起台，台宽60厘米，台高6~10厘米，台与台间距90厘米，整好台后备用。

（3）定植前棚室消毒。每亩棚室用硫黄粉2~3千克，加80%敌敌畏乳油0.25千克拌上锯末，分堆点燃，然后密闭棚室一昼夜，经放风，无味时再定植。

（4）定植。于12月底进行定植。在台上按40厘米挖穴，每亩定植2 400~2 800株。

（5）田间管理。

①缓苗：中耕后安装滴灌管，然后在台边开小沟，覆盖地膜，进行调整植株，把膜压好。

②环境调控：

温度 缓苗期白天保持25~30℃，夜间不低于15℃。开花坐果期白天保持20~25℃，夜间不低于15℃。

光照 采用透光性好的功能膜，冬春季保持膜面清洁，日光温室后部张挂反光幕，尽量增加光照强度和时间，夏秋季节适当遮阳降温。

湿度 最佳空气相对湿度缓苗期80%~90%、开花坐果期60%~70%，结果期50%~60%。

增施二氧化碳：冬春季节增施二氧化碳气肥，使室内的浓度达到1 000毫克/千克左右。

③水肥管理：定植后及时浇水，可水带生根肥，如根多多、多维肥精等生根的肥料，每亩可用5千克，有利于番茄生根，加速缓苗。因为天气冷，温度低，尽量少浇水。如旱可用滴灌浇少量水，等坐住果后加大水量及增加浇水次数。滴灌施肥要求少量多次，苗期和开花期不灌水或滴灌1~2次，每次每亩灌水6~10立方米，加肥3~5千克。果实膨大期至采收期每隔5~10天滴灌1次，每次每亩灌水6~12立方米，加肥4~6千克；视番茄长势，可隔水加肥1次。拉秧前10~15天停止滴灌施肥。建议使用滴灌专用肥，要求养分含量要高，含有中微量元素。氮、磷、钾比例前期约为1.2：0.7：1.1，中期约1.1：0.5：1.4，后期约1：0.3：1.7。一般在灌水20~30分钟后进行加肥，以防止施肥不均或不足。

④植株调整及保果疏果：用尼龙绳吊蔓。一般采用单杆整枝，做好摘心、打底叶和病叶工作。用30~40毫克/千克防落素蘸花，溶液中加入5毫克/千克的赤霉素和50%腐霉利1 500倍液，促果保果并兼治灰霉病。每穗留果3~4个，其余疏掉。

（6）病虫害防治。

①物理防虫：设防虫网阻虫：在通风口用尼龙网纱密封，阻止蚜虫、白粉虱迁入。黄板诱杀白粉虱：用废旧纤维板或纸板剪成100厘米×20厘米的长条，涂上黄色漆，同时，涂上一层机油，挂在行间或株间，高出植株顶部，每亩挂30~40块，当黄板粘满白粉虱时，再涂一层机油，7~10天重涂1次。

②药剂防治病虫害：

晚疫病　每亩用5%百菌清粉尘1千克喷粉，7天喷1次。用72%克露可湿性粉剂400~600倍液或72.2%普力克水剂800倍液喷雾，药后短时间闷棚升温抑菌，效果更好。

早疫病　用70%代森锰锌500倍液或10%世高1 500倍液喷雾防治。

灰霉病　用50%腐霉利可湿性粉剂1 500倍液或40%施佳乐1 200倍液喷雾。

叶霉病　用10%世高1 500倍液或2%加收米200倍液雾。

病毒病　首先要防治蚜虫，用10%吡虫啉可湿性粉剂1 500倍液喷雾防治。病毒病防治：定植后14天、初花期、盛花期分别喷100倍"NS83"增抗剂预防，发生后用20%毒克星可湿性粉剂500倍液喷雾，7~10天喷1次，连喷3~5次。

溃疡病　用77%可杀得2 000倍液或72%农用硫酸链霉素可溶性粉剂4 000倍液，7天喷1次。

温室白粉虱　用1.8%阿维菌素乳油3 000倍液，或用10%吡虫啉可湿性粉剂1 500倍液喷雾。

斑潜蝇　用1.8%阿维菌素乳油3 000倍液或48%乐斯本乳油1 000倍液。

蚜虫　用1.8%阿维菌素乳油3 000倍液或10%吡虫啉可湿性粉剂1 500倍液喷雾。收获前15天停止用药。

日光温室越冬一大茬番茄栽培技术

该模式是藁城区普遍推广的一种高效优化模式之一，通过改变温室结构参数，引试新品种，膜下滴灌，两膜一网一黄板技术的应用，再加上合理安排茬口从而获得较高的产量及效益。一年一大茬番茄，省去了一茬苗钱，如果在天气在雾霾较轻的年份番茄上市比冬春茬番茄上市要早，在春节间上市，售价高，效益好。每亩产量 8 000 千克，平均售价每千克 5 元，产值 4 万元，除去成本 0.5 万元，纯效益 3.5 万元左右。

一、设施类型及结构（2 种类型）

1. 日光温室为土墙钢筋骨架结构温室

建造时间为 2008—2010 年，长 120～145 米，内跨度为 12 米，外跨度为 18 米，脊高 5 米，后墙底宽 7 米，顶宽 2～3 米，下挖 1.2 米，单栋建造成本 8 万元左右，深冬可以生产喜温果菜类，实现周年生产。

2. 日光温室为土墙加砖结构温室

建造时间 2000 年，长 70～100 米，内跨度为 9 米，脊高 3.5 米，后墙底宽 4 米，顶宽 1.5～2 米，下挖深度 1 米，单栋建造成本 5 万元左右，深冬可以生产果菜类，实现周年生产。

二、栽培技术

越冬一大茬番茄于 8 月中下旬育苗，10 月初定植，1 月上旬开始采收，7 月上旬收获完毕。

1. 品种与秧苗

越冬茬番茄栽培选择抗病（TY病毒病、叶霉病、灰霉病、早疫病、晚疫病等）、高秧、丰产、大果型、品质优良、较耐贮运的中晚熟粉红果品种，如 510、普罗旺斯等品种，农户可以到园区去买苗用。

2. 施肥与整地

结合整地每亩施优质腐熟有机肥 10 000 千克以上，氮、磷、钾三元复合肥 100 千克，然后深翻土地 30 厘米。采用膜下滴灌，将耕翻后的土地整平，然后起台，台宽 60 厘米，台高 6～10 厘米，台与台间距 90 厘米，整好台后备用。

3.定植前棚室消毒

每亩棚室用硫黄粉2～3千克，加80%敌敌畏乳油0.25千克拌上锯末，分堆点燃，然后密闭棚室一昼夜，经放风，无味时再定植。

4.定植

于10月初进行定植。在台上按40厘米挖穴，每亩定植2 400～2 800株。

5.田间管理

（1）缓苗。中耕后安装滴灌管，然后在台边开小沟，覆盖地膜，进行调整植株，把膜压好。

（2）环境调控。

① 温度：缓苗期白天保持25～30℃，夜间不低于15℃。开花坐果期白天保持20～25℃，夜间不低于15℃。

② 光照：采用透光性好的功能膜，冬春季保持膜面清洁，日光温室后部张挂反光幕，尽量增加光照强度和时间，夏秋季节适当遮阳降温。

③ 湿度：最佳空气相对湿度缓苗期80%～90%、开花座果期60%～70%，结果期50%～60%。

④ 增施二氧化碳：冬春季节增施二氧化碳气肥，使室内的浓度达到1 000毫克/千克左右。

（3）水肥管理。定植后及时浇水，可水带生根肥，如根多多、多维

肥精等生根的肥料，每亩可用5千克，有利于番茄生根，加速缓苗。滴灌施肥要求少量多次，在定植后及时滴灌1次透水，水量每亩20～25立方米，以利缓苗。苗期和开花期不灌水或滴灌1～2次，每次每亩灌水6～10方，加肥3～5千克。在12月至翌年1月因为天气冷，温度低，尽量少浇水。如旱可用滴灌浇少量水，等坐住果后加大水量及增加浇水次数。果实膨大期至采收期每隔5～10天滴灌1次，每次每亩灌水6～12立方米，施肥4～6千克；视番茄长势，可隔水加肥一次。拉秧前10～15天停止滴灌施肥。建议使用滴灌专用肥，要求养分含量要高，含有中微量元素。氮、磷、钾比例前期约为1.2∶0.7∶1.1，中期约1.1∶0.5∶1.4，后期约1∶0.3∶1.7。一般在灌水20～30分钟后进行加肥，以防止施肥不均或不足。

（4）植株调整及保果疏果。用尼龙绳吊蔓。一般采用单杆整枝，做好摘心、打底叶和病叶工作。用30～40毫克/千克防落素蘸花，溶液中加入5毫克/千克的赤霉素和50%腐霉利1 500倍液，促果保果并兼治灰霉病。每穗留果3～4个，其余疏掉。

6.病虫害防治

（1）物理防虫。

① 设防虫网阻虫：在通风口用

尼龙网纱密封，阻止蚜虫、白粉虱迁入。

②黄板诱杀白粉虱：用废旧纤维板或纸板剪成100厘米×20厘米的长条，涂上黄色漆，同时，涂上一层机油，挂在行间或株间，高出植株顶部，每亩挂30~40块，当黄板粘满白粉虱时，再涂一层机油，7~10天重涂1次。

（2）药剂防治病虫害：

①茎基腐病：定植后发生病害后应及时救治，可选用68%金雷水分散粒剂600倍液或72.2%普力克水剂600倍液喷雾或淋灌。

②晚疫病：每亩用5%百菌清粉尘1千克喷粉，7天喷1次。用72%克露可湿性粉剂500倍液或72.2%普力克水剂800倍液喷雾，药后短时间闷棚升温抑菌，效果更好。

③早疫病：用70%代森锰锌500倍液或10%世高1 500倍液喷雾防治。

④灰霉病：用50%腐霉利可湿性粉剂1 500倍液或40%施佳乐1 200倍液喷雾。

⑤叶霉病：用10%世高1 500倍液或2%加收米200倍液雾。

⑥病毒病：首先要防治蚜虫，用10%吡虫啉可湿性粉剂1 500倍液喷雾防治。病毒病防治。定植后14天、初花期、盛花期分别喷100倍"NS83"增抗剂预防，发生后用20%毒克星可湿性粉剂500倍液喷雾，7~10天喷一次，连喷3~5次。

⑦溃疡病：用77%可杀得2 000倍液或72%农用硫酸链霉素可溶性粉剂4 000倍液，7天喷1次。

⑧温室白粉虱：用1.8%阿维菌素乳油3 000倍液，或用10%吡虫啉可湿性粉剂1 500倍液喷雾。

⑨斑潜蝇：用1.8%阿维菌素乳油3 000倍液或48%乐斯本乳油1 000倍液。

⑩蚜虫：用1.8%阿维菌素乳油3 000倍液或10%吡虫啉可湿性粉剂1 500倍液喷雾。收获前15天停止用药。

日光温室秋冬茬芹菜
——冬春茬番茄栽培技术

该模式是近 20 年藁城区多数农户规模种植的以种植番茄为主的一种高效优化模式之一,通过引试新品种,膜下沟灌,两膜一网一黄板技术的应用,再加上合理安排茬口从而获得较高的产量及效益。秋冬茬芹菜亩产 7 000 千克,产值 1.05 万元,纯效益 0.9 万元。冬春茬番茄,每亩产量 8 000 千克,平均售价每千克 3.5 元,产值 2.8 万元,除去成本 0.5 万元,纯效益 2.3 万元。在不算人工的情况下,两茬纯效益在 3.2 万元。

一、设施类型及结构

日光温室为土墙竹木结构温室,建造时间为 1998 年,长 60～80 米,内跨度为 7 米,脊高 3 米,后墙底宽 2 米,顶宽 1 米,单栋建造成本 2 万～3 万元,可以生产较耐寒蔬菜,实现周年生产。

二、栽培技术

秋冬茬芹菜于 7 月上旬育苗,9 月上旬定植,11 月下旬至 12 月上旬上市,12 月下旬收获完毕。冬春茬番茄在 11 月中旬育苗,于 12 月底定植,3 月中开始采收,7 月上旬采收完毕。

1. 秋冬茬芹菜关键技术

（1）品种与秧苗。选用优质、抗病、耐热、适应性广、纤维少、实心、品质嫩脆的西芹品种,可选用文图拉、加州王、高优它等。在棚内做南北向畦,畦净宽 1.2 米（老棚要将畦内 10 厘米土壤起出来,换成未种过菜的肥沃大田土）。每畦再施入经过充分发酵、腐熟、晾干、捣碎并过筛的鸡粪 0.2 立方米,50% 多菌灵 80 克,磷酸二铵 0.5 千克,翻地 10 厘米,将肥、药、土充分混匀,耙平、耙细待播。每 10 平方米苗床播种子 8～10 克,育 1 亩地芹菜苗需用种 80～100 克。播种前将种子用清水浸泡 24 小时,搓洗几次,置于 15～20℃ 环境下进行低温催芽,当有 70% 左右种子露白即可播种。播种前先将畦内浇灌水,水渗后播种。播种后出苗前,苗床要用湿草帘覆盖,并经常洒水。苗齐后,要保持土壤湿润,当幼苗第一片真叶展开时进行间苗，疏掉过密苗、病苗、弱苗、苗距3平方厘米，结合间苗拔除田间杂草。当有3~4片真叶时，进行分苗。苗间距（6~8）厘米×（3~4）厘米。定植前10天，停止供水，行间松土，2~3天后浇1次水，以后4~5天不浇水，促进发根壮根。同时增加见光，逐步缩短遮阳网覆盖时间。苗期正处于高温多雨季节，在大棚内采用一网一膜覆盖（即一层遮阳网防止高温，1层棚膜防暴雨冲刷）。壮苗标准为苗龄60天左右，5~6片叶，茎粗壮，叶片绿色，完整无缺损，无病虫害，苗高15~20厘米，根系发达。

（2）施肥与整地。每亩施腐熟好的优质有机肥3 000~5 000千克，尿素10千克，过磷酸钙50千克，硫酸钾30千克。将肥料均匀洒在日光温室内，深翻40厘米，纵横各深翻1遍，耙后做平畦。

（3）定植。于晴天傍晚进行定植，带土移栽。行距40厘米，株距20~25厘米，每亩定植8 000株左右。每穴1株，培土以埋住短缩茎露出心叶为宜，边栽边封沟平畦，随即浇水，切忌漫灌。

（4）田间管理。

① 温度管理：定植到缓苗阶段的适宜温度为18~22℃，生长期的适宜温度为12~18℃，生长后期温度保持在10℃以上。幼苗发生萎蔫时，要遮花荫。11月初上草苫子，晴天以太阳出揭苫，以太阳落盖苫；阴天，比晴天晚揭早盖1小时。深冬季节注意保温，白天温度达20℃以上时，开天窗通风，夜间最低气温保持在10℃以上。

② 浇水追肥：定植后缓苗期，应保持土壤湿润，注意遮阳，防止烈日曝晒。进入生长期后，应加强肥水管理，勤施少施，不断供给速效性氮肥和磷钾肥。追肥应在行间进行，定植后10~15天，每亩追尿素5千克，以后20~25天追肥一次，每亩一次追尿素和硫酸钾各10千克。定植后2个月后，进入旺长期，应肥水齐攻，每亩用尿素和硫酸钾各10千克，深秋和冬季应控制浇水，浇水应在晴天10：00-11：00时进行，并注意加强通风降湿，防止湿度过大发生病害。浇水后要有连续3~5天以上的晴天，每次浇水量都不要过大，以防水大造成死苗。采收前10天停止追肥、浇水。

③ 病虫害防治：芹菜的病虫害主要有斑枯病、早疫病、软腐病、蚜虫、白粉虱等。

斑枯病 阴天时用熏蒸法，用45%百菌清烟剂每亩每次200克，傍晚暗火点燃闭棚过夜，连熏2次，间隔10天1次；发病初期可用75%

百菌清可湿性粉剂 600 倍液或 50% 多菌灵可湿性粉剂 800 倍液喷雾。

早疫病　百菌清烟剂每亩每次 200 克，熏 2 次，间隔 10 天；用 50% 多菌灵可湿性粉剂 800 倍液或 10% 世高 1 500 倍液喷雾。

软腐病　发病初期用用 77% 可杀得 2 000 倍液或新植霉素 3 000 倍液喷雾。

蚜虫、白粉虱：用 1.8% 阿维菌素乳油 3 000 倍液，或用 10% 吡虫啉可湿性粉剂 1 500 倍液喷雾。

2. 冬春茬番茄关键技术

（1）品种与秧苗。选择优质、高产、抗病、抗逆性强的番茄品种：天马 54、欧盾、欧帝等品种。农户可以到园区去买苗用。

（2）施肥与整地。结合整地每亩施优质腐熟有机肥 5 000 千克以上，氮、磷、钾三元复合肥 50 千克，然后深翻土地 30 厘米。耕翻后的土地平整然后扒沟，一般沟宽 60 厘米，沟深 20 厘米，沟与沟之间 90 厘米，做好沟后备用。

（3）定植前棚室消毒。每亩棚室用硫黄粉 2 ~ 3 千克，加 80% 敌敌畏乳油 0.25 千克拌上锯末，分堆点燃，然后密闭棚室一昼夜，经放风，无味时再定植。

（4）定植。于 12 月底进行定植。番茄苗要定植在沟沿的中上部，按 40 厘米挖穴，每亩定植 2 400 ~ 2 800 株，定植后在沟内浇定植水。

（5）田间管理。

① 蔬菜缓苗：缓苗后进行锄划，同时，向上封沟，在沟上插竹片，覆 0.014 毫米厚的地膜，在沟灌进水口处用竹片卷紧固定地膜，然后调整植株压好膜。

② 环境调控：

温度　缓苗期白天保持 25 ~ 30℃，夜间不低于 15℃。开花坐果期白天保持 20 ~ 25℃，夜间不低于 15℃。

光照　采用透光性好的功能膜，冬春季保持膜面清洁，日光温室后部张挂反光幕，尽量增加光照强度和时间，夏秋季节适当遮阳降温。

湿度　最佳空气相对湿度缓苗期 80% ~ 90%、开花坐果期 60% ~ 70%，结果期 50% ~ 60%。

增施二氧化碳：冬春季节增施二氧化碳气肥，使室内的浓度达到 1 000 毫克 / 千克左右。

③ 水肥管理：定植后及时浇水，可水带生根肥，如根多多、多维肥精等生根的肥料，每亩可用 5 千克，有利于番茄生根，加速缓苗。因为天气冷，温度低，尽量少浇水。如旱可浇少量水，等坐住果后加大水量及增加

浇水次数。沟灌施肥要求少量多次，苗期和开花期不灌水或太旱时浇1次小水，每亩灌水6~10立方米。果实膨大期至采收期每隔10天左右沟灌1次，每亩每次灌水15~20立方米，冲肥8~10千克；视番茄长势，可在某次沟灌时停止加肥1次。拉秧前10~15天停止沟灌施肥。冲肥要求养分含量要高，含有中微量元素；氮∶磷∶钾比例前期约1.2∶0.7∶1.1，中期约1.1∶0.5∶1.4，后期约1∶0.3∶1.7。

④植株调整及保果疏果：用尼龙绳吊蔓。一般采用单杆整枝，做好摘心、打底叶和病叶工作。用30~40毫克/千克防落素蘸花，溶液中加入5毫克/千克的赤霉素和50%腐霉利1500倍液，促果保果并兼治灰霉病。每穗留果3~4个，其余疏掉。

（6）病虫害防治。

①物理防虫：设防虫网阻虫：在通风口用尼龙网纱密封，阻止蚜虫、白粉虱迁入。黄板诱杀白粉虱：用废旧纤维板或纸板剪成100厘米×20厘米的长条，涂上黄色漆，同时，涂上一层机油，挂在行间或株间，高出植株顶部，每亩挂30~40块，当黄板粘满白粉虱时，再涂一层机油，7~10天重涂1次。

②药剂防治病虫害：

晚疫病：每亩用5%百菌清粉尘1千克喷粉，7天喷1次。用72%克露可湿性粉剂400~600倍液或72.2%普力克水剂800倍液喷雾，药后短时间闷棚升温抑菌，效果更好。

早疫病　用70%代森锰锌500倍液或10%世高1500倍液喷雾防治。

灰霉病　用50%腐霉利可湿性粉剂1500倍液或40%施佳乐1200倍液喷雾。

叶霉病　用10%世高1500倍液或2%加收米200倍液雾。

病毒病　首先要防治蚜虫，用10%吡虫啉可湿性粉剂1500倍液喷雾防治。病毒病防治：定植后14天、初花期、盛花期分别喷100倍"NS83"增抗剂预防，发生后用20%毒克星可湿性粉剂500倍液喷雾，7~10天喷一次，连喷3~5次。

溃疡病　用77%可杀得2000倍液或72%农用硫酸链霉素可溶性粉剂4000倍液，7天喷1次。

温室白粉虱　用1.8%阿维菌素乳油3000倍液，或用10%吡虫啉可湿性粉剂1500倍液喷雾。

斑潜蝇　用1.8%阿维菌素乳油3000倍液或48%乐斯本乳油1000倍液。

蚜虫　用1.8%阿维菌素乳油3000倍液或10%吡虫啉可湿性粉剂1500倍液喷雾。收获前15天停止用药。

立马好小拱棚春松花—越夏西葫芦—秋延松花高效栽培模式

该模式是近年石家庄市藁城区西凝仁韩岩霞规模种植的一种高效优化模式，通过引种新品种，采用立马好小拱棚加膜下滴灌这一新技术的应用，再加上合理安排茬口从而获得较高的产量及效益。春茬松花亩产1 385千克，平均价格每千克2.6元，产值3 601元，除去成本1 320元，亩纯效益2 281元。越夏西葫芦每亩产量5 400千克，平均每千克售价1元，产值5 400元，除去成本2 380元，亩纯效益3 020元。秋延松花亩产2 815千克，每千克平均价格1.2元，亩产值3 378元，除去成本1 390元，亩纯效益1 988元。在不算人工的情况下，三茬每亩纯效益在7 289元。

一、立马好小拱棚建造与性能

应用材料有外镀塑钢管拱架、钢管拱架、14号钢丝、一拉得。建造方法是地两头埋设地锚，抻三道14号钢丝，每6~8米插1外镀塑钢管拱架，地两头用钢管拱架，用一拉得将铁丝与拱架连接固定，外盖厚0.03毫米棚膜，亩建造成本700元左右，拱架可重复使用5~8年。小拱棚比露地提高温度3°~5°，提早定植30天，提早上市20天左右。

二、栽培技术

春茬松花于2月初育苗，3月初定植，5月初上市，5月下旬收获完毕。越夏西葫芦于5月初育苗，6月初定植，7月上旬上市，7月底收获完毕。春茬松花于7月上旬育苗，8月初定植，10月上旬上市，11月中旬收获完毕。

1. 春茬松花关键栽培技术

（1）品种选择。选用高产、抗病、口感好、适销品种，如松不老65、松不老75、松不老80、劲松65、劲松75、劲松80等品种。

（2）苗子来源。由于育苗时温度低，自己育苗温度不好控制，提前一个半月去金科种苗场去订购的松花苗。

（3）整地施肥。每亩施腐熟圈肥5 000千克，磷肥50千克，深耕细整，做成行距为70厘米的小高垄，同时铺好滴灌管和地膜备用。

（4）定植覆膜。苗子选择三叶一心壮苗，在做好的垄上按株距40厘米挖穴，每亩定植2 300株，定植后滴水浇到，盖小拱棚膜。

（5）定植后的管理。

① 水肥管理：定植后10～15天缓苗后，随水追施氮、磷、钾15-15-15含量复合肥每亩20千克，以后根据苗子长势、天气情况浇水，水量以浇到植株根部即可，土壤以见干见湿为宜。

② 病虫害防治：4月上中旬，撤去小拱棚，撤棚后及时喷多菌灵1 000倍液，同时，加吡虫啉、阿维菌素防虫。

③ 保花护球：花球直径长至10～15厘米，进行盖球，以保证花球洁白。

④采收：当花球边缘开裂时及时采收。

2.越夏西葫芦关键栽培技术

（1）品种选择。选择耐热、抗病毒、产量高、适销品种特优尔。

（2）订购苗子。由于育苗时温度低，自己育苗温度不好控制，提前一个半月去金科种苗场去订购的苗子。

（3）整地施肥。每亩施腐熟圈肥5 000千克，磷肥50千克，深耕细整，做成行距为1米的小高垄，同时铺好滴灌管和地膜备用。

（4）定植。选择1叶1心壮苗定植，在做好的垄上按株距50厘米挖穴，每亩定植1 400株。

（5）定植后的管理。

① 水肥管理：根据天气情况、苗子长势浇水，保持地面见湿见干，缓苗水后，随水追施复合肥每亩20千克。

② 病虫害防治：定植后，及时用多菌灵1 000倍，或百菌清800倍加吡虫啉，或阿维菌素等加植物生长调节剂加叶面肥，防治病虫害，培植壮秧，间隔5～7天喷施1次。

③ 保花护瓜：雌花开花后喷施免蘸花坐果灵每桶10毫升，7～10天喷施1次，以保证坐果率。

④ 采收：当瓜条长至15厘米时及时采收，采收时要干净彻底避免形成老瓜。

3.秋延松花关键栽培技术

（1）品种选择。选用高产、抗病、口感好、适销品种，如松不老65、松不老75、松不老80、劲松65、劲松75、劲松80等品种。

（2）苗子来源。由于育苗时温度高，自己育苗温度不好控制，提前一个半月去金科种苗场去订购的松花苗。

（3）整地施肥。每亩施腐熟圈肥5 000千克，磷肥50千克，深耕细整，

石家庄市藁城区农业种植技术模式

做成行距为 70 厘米的小高垄，同时，铺好滴灌管和地膜备用。

（4）定植覆膜。苗子选择三叶一心壮苗，定植时要小水浇匀，在做好的垄上按株距 40 厘米挖穴，每亩定植 2 300 株。

（5）定植后的管理。

① 水肥管理：定植后 5～7 天后浇缓苗水，随水追施氮、磷、钾 15-15-15 含量复合肥，每亩施 20 千克，以后根据苗子长势、天气情况浇水，根据天气情况，植株长势及时浇水，保持地面见湿见干。

② 病虫害防治：用吡虫啉，阿维菌素，加多菌灵、百菌清、万佳交替使用，以防治蚜虫、白粉虱、菜青虫等病虫害。

③ 保花护球：当花球直径长至 10～15 厘米及时盖球，保证球面洁白。

④ 采收：当花球边缘松开时采收。

韭菜高产栽培种植方式

一、品种选择

选用耐热、抗寒、耐贮、分株能力高、抗病的品种，如四季青翠F1、太空绿韭、寒青韭霸、寒绿王、中华韭神等杂交的品种。

二、育苗管理

1. 播前准备

育苗地选择沙壤土、干燥地块，播前深耕晒垡，利用太阳能高温消毒或低温杀死病虫卵。整细耙平，做成1.5米×8米的平畦，畦内每平方米撒施腐熟的鸡或猪粪6~9千克或腐殖酸生态肥8千克，尿素0.1千克，阿维地线净0.05千克，50%多菌灵可湿性粉剂0.02千克，土肥药混匀，整平。

2. 种子处理

选用新种子，如早春气温偏低，可采用干籽播种，为抢墒出苗可浸种催芽。种子处理前晒种1~2天。播前1~2天，将选好的种子，放入40℃温水中，用力搅拌，捞出搓洗干净，换30℃温水浸种8~10小时，放在18~20℃条件下催芽，每天用清水淘洗2次。60%胚根伸出时立即播种。

3. 播种

地温稳定于12℃以上，日平均气温15~18℃即可播种。采用条播，每亩苗床用干籽6~8千克，育出的苗可栽植9亩菜地，播后立即加盖地膜，保温提温。70%幼苗顶土时揭膜。

4. 苗床管理

浇水施肥。齐苗后至苗高16厘米，根据墒情7~10天浇水1次，结合浇水，每亩冲施腐熟的人粪尿或腐殖酸生态肥50千克。播苗前，用33%的施田补250倍液喷于地表。出苗后，人工拔草2~3次。

三、定植管理

1. 适时定植

一般株高达18~20厘米尚未分蘖，夏至后定植。

2. 深耕施肥

前茬腾茬后，深耕20厘米，每亩地施入腐熟优质圈肥6 000千克，磷酸二铵 30 千克，耙入土层，整平做畦。

3. 起苗

育苗地于定植前 1 天浇水，起苗后抖净泥土，大小苗分级，剪去须根末端，留 3～5 厘米，剪掉叶端，留叶长 8～10 厘米。

4. 栽苗

在畦内按行距 18～20 厘米，画线开沟，穴距 8～10 厘米，每穴 8～10 株。栽培深度以叶片与叶鞘交接处为准，栽实、栽齐、栽平。

四、定植后管理

1. 浇水施肥

缓苗前后浇水 2 次，然后中耕蹲苗。夏季注意排涝，立秋后遇旱 7～10 天浇水 1 次，共浇 3 次水。结合浇水，追肥 3 次。前 2 次每亩地各用人粪尿 200 千克加尿素 10 千克，第 3 次每亩冲施腐熟的干细鸡粪 200 千克，"立冬"时再浇冻水。

2. 中耕除草

蹲苗前后中耕除草 4 次以上，也可用 6.9% 威霸浓乳剂 600 倍液喷洒地面除草。

3. 收割

一般每 28～30 天收割 1 次，割时距地面 1 厘米处，割口整齐一致。忌不足 28 天割 1 次，以防早衰。

五、收割后管理

每次收割后中耕松土，2～3 天后浇水施肥，每亩地每次施腐熟圈肥 400 千克或腐殖酸生态肥 50 千克。忌割后立即追肥，以防造成伤害。

六、栽培要点

1. 适时播种，培育壮苗

韭菜一年四季都可播种，但以春季 3～4 月播种为宜。要选平整肥沃的育苗基地，亩施腐熟有机肥 6 000 千克，复合肥 30 千克，然后深翻 20 厘米，耙碎搂平，浸种催芽，浇透水，待水渗下后均匀撒播，盖土 1 厘米，覆膜保墒，一次全苗。育苗前期小水轻浇勤浇，保持畦面湿润，苗高 10 厘米时，每亩追肥尿素 10 千克，以后 15～20 天追肥 1 次，连续追肥 2～3 次，育苗后期控水蹲苗，促进根系发育，培育短粗壮苗。

2. 施足底肥，及时定植

早春育苗，6 月中下旬定植。定植前，每亩地施腐熟有机肥 6 000 千克，复合肥 50 千克，深翻 30 厘米，耙碎搂平，准备定植。

3. 随起随栽，合理定植

韭菜移栽时尽量做到随起苗随移栽，严禁大堆堆放，同时，尽可能做到大小苗分开，淘汰病残弱苗。定植时可开沟行栽，行距 20～25 厘米，行幅 5～10 厘米，每米栽苗 100～150 棵。

4. 加强肥水，积累养分

定植后及时浇缓苗水。7~10天以后再浇水1次，并随水冲施尿素20千克/亩。进入高温多雨季节停止浇水、施肥，雨后及时排水。8月中旬以后，每10~15天浇水1次，每15~20天追肥1次，每次追施尿素和复合肥各15千克/亩，连续追肥2~3次。

5. 科学收割，夺得高产

网状拱棚韭菜栽培，春季生长早，在2月下旬即可收割，以后一般28~35天收割1茬，全年可收割7~8茬，在冬季由于采用网状弓棚栽培，冬季可获得1茬延后韭菜，使得全年的收益提高。

七、效益分析

韭菜采用网状拱棚栽培，获得的效益较大，在冬季时盖棚、膜，可以将韭菜生长正常的时间提前15~20天，在春节前后上市，在这个时间段市场价格较高，每千克价格在4元左右，亩可增收4 000元。春季亦可提早20天左右上市，也可增收1 000元/亩左右。

即便是加上棚膜的费用500元/亩左右，相对露地韭菜来说，网状拱棚栽培的韭菜产量高，质量好，价格也高，故而值得推广应用。

三茬蔬菜松花—番茄—松花高效栽培模式

一、早春松花菜栽培

早春松花宜在12月中下旬育苗，2月15日左右定植，4月上旬收获。

1. 设施要求

可提温的冷棚或温室。

2. 品种选择

商品性好的早熟品种"九源65"。

3. 播种与育苗

12月中下旬，用72穴穴盘育苗，苗龄50~55天。播种过早苗龄过长，易形成早花，影响产量。选用地势高、排水良好、阳光充足的日光温室或大棚做苗床，营养钵育苗。育苗土中加入适量磷钾肥，以利于培育壮苗。播前每立方米营养土中拌入100~150克敌克松或多菌灵，防治立枯病和猝倒病。每钵播1~2粒种子；或者先在苗床上播种，苗2叶1心期时分入营养钵中。播后遇冷空气可在大棚内搭小拱棚，棚内最低温度不能低于8℃。出苗后拔除病弱苗，苗3~4叶期时拉大营养钵间的距离。定植前

7~10天低温炼苗，逐步降低棚温至夜间温度为2~5℃。育苗期间防治好霜霉病、猝倒病和青枯病。

4. 整地施肥

选择地势较高、排水通畅的肥沃田块定植。定植前每亩施腐熟有机肥4 000~5 000千克、三元复合肥50千克。施肥后耕翻土地，耙平，清理排水沟内的淤泥，保持排水通畅。

5. 适期定植

来年2月上中旬定植。大棚栽培在2月中旬定植，小拱棚栽培在2月中下旬定植，地膜覆盖栽培在3月上旬定植。遇冷空气推迟几天定植。

6. 定植后管理

定植后应大水大肥一促到底，春季干旱勤浇水保持土壤湿润。拱棚栽培的定植后闷棚3~5天，以提高地温，促进扎根成活。缓苗后根据天气变化及时通风，白天棚温保持在25~28℃，夜间保持在10~15℃。定植后10天，根据花菜长势每亩追施磷酸二铵15千克、尿素10千克，及

时浇水。花球鸡蛋大小时每亩追施三元复合肥30千克，同时，喷施硼肥溶液1~2次，喷施磷酸二氢钾溶液2~3次，以增加产量、预防花球黑心和空心。及时拔除杂草、摘除老叶和黄叶。小拱棚栽培3月下旬加强温度管理，以免出现高温烫死菜苗。苗龄65~80天、有5~6片真叶的壮苗定植，行距65厘米，株距50厘米，定植密度2 000~2 200株/亩。提早上市的在棚内覆盖地膜定植。

7. 病虫害防治

松花菜生长前期病害以立枯病为主，定植后一周至一个月均有发生，定植初期用99%天达霉灵可湿性粉剂2 000倍和72%普力克水剂800倍混合液灌根，可有效防止该病发生。3月下旬后气温逐渐升高，棚内通风差，霜霉病时有发生，用58%甲霜锰锌可湿性粉剂1 000倍液喷雾防治。黑腐病多在成株期发病，发病初期用72%农用链霉素3 000倍液或47%加瑞农800倍液喷雾防治。

8. 采收

一般现花球15~20天后，花球充分散开时为适宜采收期。采收时，花球基部保留2~3片小叶，有条件的用网套套袋包装后销售。

二、越夏番茄栽培

6月中旬定植，9月上中旬上市，留5穗果。品种宜选择抗病、耐热、品质好的品种，如海泽拉公司的博雅番茄品种。

1. 定植前的田间准备

（1）清理棚室。在翻地前，应将棚室内残留的枯枝、碎叶、断根、地膜、杂草等一并清理干净，以减少病原残体。

（2）棚室灭菌消毒。有2种方法如下。

①高温闷棚：尤其是对根结线虫和根部病害较重的棚室，深翻30厘米，大水漫灌，覆盖地膜。然后封闭棚膜。高温烤棚5~6天，进行杀菌消毒。

②大棚熏蒸：选用虫菌双杀的棚害清烟剂对土壤和空间进行熏蒸消毒。

（3）遮阴防虫：灭菌消毒后，在棚膜上覆盖遮阳率在50%~60%的遮阳网，或者在棚膜上喷洒泥浆，雨后应补喷。在大棚前通风口处安装1.5米宽和顶部通风口安装1米宽60目的白色尼龙防虫网，通风降温。

（4）施肥：植株前期主要吸收磷肥和氮肥。因此，施底肥的原则是以发酵好的农家肥为主，以化肥为辅，化肥中又以磷肥和氮肥为主，其他肥适量。每亩施农家肥5 000千克(7~8平方米)。过磷酸钙50千克，磷酸二铵30千克，硫酸钾20千克，锌肥、硼肥、铁肥各2千克。深翻整细耙平。

（5）做垄：可采取单垄或大垄双行种植，大垄中间也最好留有小的浇水沟。建议60厘米×35厘米，即每亩3000株左右。大垄双行则每1.2米一条大垄。

（6）覆膜：即使夏季栽培，覆膜也很重要，可以防止土壤干裂，或忽干忽湿，可起到保水保肥作用。覆膜时，垄面一定要平，使地膜与地面紧密贴合。地膜上可撒土遮阴。有条件还应膜下滴灌。

2. 定植前的幼苗处理

（1）夏季育苗。5月中旬穴盘育苗，苗龄40~50天。苗龄为4~5片叶。

（2）定植前3~4天，要为秧苗浇水，使秧苗能带土定植，尽量避免伤根。

（3）为防治定植后的病虫害发生，在定植前2天喷施防病毒病、茎基腐病以及预防虫害的农药。

① 病毒病防治：病毒的发病条件是高温干旱强光照射和粉虱蚜虫侵入。夏季病毒主要类型为黄化曲叶病毒、花叶病毒、蕨叶病毒和条斑病毒。可选用氨基寡糖素和病毒A配合用药，也可选用毒法法利或吗胍·乙酸铜。

② 茎基腐病防治：茎基腐病属

细菌性病害，可选用甲霜灵、可杀得或普力克喷施。

③虫害防治：重点防治粉虱、蚜虫以及虫卵。可选用吡虫啉或啶虫脒。

3. 定植

（1）6月中旬定植，每亩2000株，采取大小行栽培，大行行距90~100厘米，小行50厘米，株距40~45厘米。坐水定植，减少高温对根系的伤害，定植深度一般不超过子叶。

（2）对于徒长苗，可采取卧栽方式，促进侧根发育。

（3）若用地膜，苗坨一定要封严，防治膜下热气和基肥氨气从苗坨散发，烧伤幼苗，造成茎基腐。

（4）浇足缓苗水，力争在第一穗果的第一果长到玻璃球大小之前不浇水（至少不浇大水）。但不要大水漫灌，不要浇到茎上。

4. 定植后田间管理

（1）水肥管理。定植后及时浇水，保持地面见干见湿。不要长期蹲苗，以防病毒病发生。座果后及时追肥，以三元复合肥为主。每次追肥量10~15千克/亩。采用隔水追肥。注意要浇小水，薄施肥，做到"少吃多餐"。

（2）病虫害防治。定植前要在风口处加设防虫网，定植后棚内挂吊诱虫板。定植后10~15天喷阿米西达 1 次,一桶水加 1 袋(10 毫升)喷雾,过 20 天喷金雷 1 次,每桶加 60～70 克。7—8 月喷农用链霉素防治溃疡病。

三、秋延后青梗松花菜栽培

本季青梗松花菜生长期:10 月中下旬定植,12 月上中旬采收结束。

1. 品种选择

宜选择产量高、抗病性强、花球白的品种,如庆农 65、庆美 65、九源 65 等。

2. 定植

9 月中下旬育苗,苗龄 35 天,10 月下旬定植。定植注意事项:一是苗龄不可过长,以免"花球早现",失去商品价值;二是栽植不可过深,比原来土印深半指为宜,否则苗不旺;三是定植地块要选择肥沃和排灌方便的田块,施足基肥,同时,每亩增施免耕肥 4～8 千克,硼砂 1～1.5 千克,钼酸铵 0.3～0.5 千克,更利于秋菜花的生长发育。

3. 定植后田间管理

定植成活后,要施好促苗肥、莲座肥、花蕾肥。一般要 2～3 次,前期以氮肥为主,中后期以高钾复合肥为主,每期应配施一小袋免耕肥,增加土壤通透性,促进根系生长发育,增强抗病抗逆能力。平时结合治病治虫搞好叶面肥的使用,每 7～10 天喷 1 次稀土圣水或植物保护伞,初现花

球前后连喷 3 次植物保护伞加硼肥和钼肥。高温季节增加灌水次数,每次浇水后都要将下畦口打开,以利排水防涝。

4. 防治病虫

成株期主要病虫害有:病毒病、软腐病、黑腐病、菜青虫、蚜虫等。要重在预防。

四、经济效益分析

(1) 早春松花的经济效益。亩产 3 600 千克,销售价格每千克可达 4.2 元,每亩收益约 15 000 元。

(2) 越夏番茄栽培的经济效益。亩产 8 000 千克,销售价格为每千克 1 元,每亩地收入约 8 000 元。

(3) 秋延后青梗松花菜的经济效益。亩产 3 000 千克,销售价格每千克 5 元,亩收益 15 000 元。

每亩地年总收入可达 3.8 万元。

大棚葡萄—菠菜高效栽培模式

该栽培模式是近年来石家庄市藁城区西辛庄村通过引种新品种，合理安排茬口，从而获得较高经济效益的一种高效栽培模式。

一、葡萄栽培

利用大棚种植葡萄，不仅可以使葡萄提前成熟，而且具有质优、环保、果粒完整度高、口感好等优点。大棚种植葡萄投入较少、获利较高，深受农民喜爱。

1. 葡萄品种的选择

品种上应选择成熟期早、优质、稳产、不易裂果的欧美种和欧亚种，如巨峰、藤稔、夏黑、维多利亚、京亚、美人指等，一般为6月中旬至7月上旬开始采收。

2. 葡萄幼树期管理

葡萄幼树第一年不需要覆膜，幼苗萌发后选留一条最旺新梢做主蔓培养，其余抹除。等主蔓长到6叶时，进行第一次追肥，每亩施含"氮"为主的复合肥3千克，并立竹竿进行牵引，以后结合灌水每亩施复合肥5千克，间隔10~15天进行1次。等植株生长高度接近棚架时，在棚下15厘米左右位置对主蔓进行短截或摘心促发副梢，选留2~4根健壮副梢并使其均匀分布在架面上，等副梢生长到80厘米左右进行第二次摘心。摘心后抽生的第一副梢留3~4片叶反复摘心，其余副梢留1~2叶反复摘心。经过这样反复摘心处理，当年就可形成3~4根生长健壮、枝条老熟的结果母枝，第二年就能进入丰产期。

小苗防病以防黑痘病、霜霉病为主，晴天每隔15天左右喷施保护性药剂1次，逢暴雨后，用杀菌剂进行防治。

3. 葡萄棚室管理

1月开始盖膜保温。葡萄萌芽期以保温为主，以促进萌芽和枝梢发育，当棚室温度超过30℃时，要及时掀起裙膜进行通风降温；下午15:00后当棚温下降到25℃以下时，放下裙膜进行保温。开花期前后白天保持在15~28℃，夜间注意做好保温工作，以利于授粉受精，提高坐果率。果实发育期棚外温度开始回升，棚内外温差减少，在温度管理上以白天降温为主。白天维持在28~32℃，夜间15~17℃。5月初外界气温稳定后可卸下全部裙膜。白天棚温超过32℃时，棚体过长的大棚还需间隔的撑开部分顶膜（开天窗）帮助散热，夜间关闭。果实采收后卸下顶膜。

棚室湿度按先高、后低、中间平的原则进行管理。促芽期湿度最高，要控制在90%以上；采收期最低，应低于60%；开花期、果实膨大期湿度要控制在50%~70%。棚内起雾时应及时通风排湿，特别是开花期间相对湿度以65%为宜，过高会影响授粉受精，造成单性果、大小粒发生。

4. 土壤管理

每年10月间，要结合施有机肥进行深翻改土。每亩施腐熟有机肥2 500千克，在树体两旁条沟施或撒施，同时，进行全园深翻或逐年深翻，深度一般为30厘米左右，可提高土壤肥力，改善土壤结构，促进新根生长，增强树势。在栽培期间进行地膜覆盖，以降低空气湿度，减少灰霉病的发生；多雨时节可使用生草法，也可间作豆科作物或蔬菜，提高土地利用率和经济效益。

5. 肥水管理

大棚内一般建立肥水同灌系统，生长季节通过该系统进行肥水管理。覆膜后15天，每亩施复合肥10千克，对树势弱的树体在新梢长到5~7叶时加施复合肥10千克；坐果后每亩施复合肥20千克，分2次施入；着色前每亩施硫酸钾镁肥7.5~10千克；采果后每亩施复合肥15~20千克，以恢复树势。新梢发育初期结合防病，叶片喷施0.1%~0.2%有机液肥（竹酸双效、卢博士）1~2次；花前叶片喷施翠康金硼液2 000倍液，果实生长期和采果后每隔10~15天叶面喷施钾、锌、钙等微量元素2~3次。

覆膜前5天应灌1次大水，萌芽后结合施肥灌中水，花前7天灌1次小水，坐果后灌1次大水，促进幼果生长。果实膨大期，可间隔7~10天结合施肥灌小水或中水，保持10厘米以下土层湿润。在果实软化前第二次生长高峰到来时再灌1次大水，保证果实增大。果实开始着色后要控制浇水，保持土壤适当干燥，以提高果实糖度，防止裂果。

6. 病虫害防治

大棚葡萄栽培过程中，在覆膜阶段因蔓、叶、果避免了雨淋，病害发生了变化。黑痘病基本可避免发生，霜霉病、炭疽病大为减轻，但是灰霉病、穗轴褐枯病、白腐病会加重发病。

因此在病虫害防治上，要以改善葡萄园的生态环境，提高通风透光度，增强植株抗病能力等保健栽培措施为基础，以消灭病原菌为重点，按照"预防为主，综合防治"的方针，采取冬季彻底清园、绒球期铲除病原菌，用振频式黑光灯诱杀虫害，生长期对症喷药相结合的综合防治措施。

二、菠菜栽培

1. 栽培时间

10月上中旬播种，12月中下旬开始收获。

2. 选择良种

菠菜越冬栽培，容易受到冬季和早春低温影响，开春后，一般品种容易抽薹，降低产量和品质。因此，应选用冬性强、抽薹迟、耐寒性强、丰产的品种，如尖叶菠菜、菠杂10号、菠杂9号等耐寒品种。

3. 播种

越冬茬菠菜在停止生长前，植株达5～6片叶时，才有较强的耐寒力。因此，当日平均气温降到17～19℃时，最适合播种。此时气候凉爽，适宜菠菜发芽和出苗，一般不需播催芽籽，而播干籽和湿籽。播种时，若天气干旱，必须先将畦土浇足底水，播后轻轻梳耙表土，使种子落入土缝。

开沟条播，行距8～10厘米，苗出齐后，按株距7厘米定苗。如果种子纯净度低、杂质多，可用簸箕簸一下，去除杂质及瘪种，剩下饱满的种子播种，确保出苗整齐，长势强。

4. 冬前管护

播种后4～5天就要出齐苗，在出苗前土壤表面干了就浇水，要保证畦土表面湿润至齐苗，以促进菠菜的生长。菠菜发芽出土后，要进行一次浅锄松土，以起到除草保墒作用。当植株长出3～4片叶时，可适当控水，促进根系发育，以利菠菜越冬。严冬来临要注意设立风障或搞好防寒防冻覆盖，以免冻坏叶片，严重影响菠菜的产量和质量。当植株长出5～6片叶停止生长时，要及时浇冻水，浇水时机应掌握在土表昼化夜冻。浇冻水最好用粪水，有利于菠菜生长期加速生长。

5. 防治病虫

越冬菠菜病虫害主要有炭疽病、霜霉病、病毒病和蚜虫等。霜霉病和炭疽病可于发病初期用75%百菌清600倍液、25%甲霜灵700倍液、40%乙膦铝可湿性粉剂300倍液等喷雾防治。病毒病除实行轮作外，还应及时防治蚜虫等传毒媒介，蚜虫盛发期可用10%吡虫啉2 000倍液或2%阿维菌素2 500～3 000倍液喷雾防治。

六、经济效益

利用大棚栽植葡萄，果实品质

好，上市时间早，一般每亩地可以产葡萄 1 000 千克，平均价格 20 元 / 千克，可获得 20 000 元的销售收入，除去成本 8 000 元，纯效益 12 000 元左右。这种模式，以种植葡萄为主，以间作其他作物为辅。经试验耐寒性较强的叶菜类均可进行间作种植。间作种植菠菜，每亩地可产 1 250 千克，平均价格 1.6 元 / 千克，销售收入可达 2 000 元，除去成本 800 元，纯效益 1 200 元。

大棚三茬黄瓜—黄瓜—菠菜高效栽培模式

一、春黄瓜栽培

黄瓜是人们喜爱的瓜果之一，现我国可进行周年生产，均衡供应，特别是早春茬黄瓜，市场效益较高。

早春黄瓜一般于 12 月中下旬育苗，2 月上中旬定植，3 月下旬开始上市。

1. 品种选择

早春茬黄瓜宜选早熟、耐低温、耐弱光、高产优质品种，如津春 3 号、新泰密刺、德瑞特 736 等。

2. 育苗

（1）苗床设置与营养土的配制。苗床选用大棚内阳畦为佳。要求苗床背风向阳，土壤肥沃，阳光充足，东西走向，苗床宽约 1.2 米。营养土配制为优质土壤 40%、腐熟优质土杂肥 60%，每立方营养土加三元复合肥 2.5 千克、80% 多菌灵可湿性粉剂 100 克，搅拌均匀。

（2）种子处理。首先晒种半天，然后用 55℃ 温热水浸种 20 分钟，热水量为种子量的 5 倍，浸种时要不断搅拌，然后用 1% 福尔马林溶液浸种 20 分钟灭菌，后用清水洗种，再放温水中浸种 5 ~ 6 小时。待晾干种皮水分后用湿纱布包好，放在背光处 28 ~ 30℃ 温度下保湿催芽。

（3）播种。适时早播，便于提前定植，春季黄瓜促早生产适宜播种时间为 12 月中下旬。将基质用水混拌均匀，装进穴盘，然后播种，播后覆盖基质厚约 1 厘米，之后将穴盘整齐摆放在苗床上，浇透水。

（4）苗期管理。播种后密闭加棚保温，白天温度 28 ~ 32℃，夜间 18 ~ 20℃，当 70% 的种芽拱土时，地膜方式的要揭去地膜，覆 0.5 ~ 1.0 厘米细潮土。瓜苗基本出齐后白天温度 20 ~ 25℃，夜间 15℃ 左右。当第 2 片真叶展开时，进行大温差育苗，白天 25 ~ 28℃，夜间 10 ~ 15℃；定植前 7 天进行低温炼苗，白天 25℃ 左右，夜间 8 ~ 12℃。苗期一般不浇水，在苗床干旱时可在上午向苗上喷与气温相同的温水，然后升温排湿。

吹响现代农业发展的号角

158

（5）育苗与定植时间。为提早上市，争取好的经济效益，双层膜大棚于2月中下旬定值。黄瓜苗龄30～40天，3～4片真叶。苗高10～13厘米。根据生产设施的保温性能，适当提前或延后。

3.定植

（1）施肥整地做畦。定植前5～7天，在棚地施腐熟的优质土杂肥5 000千克/亩，三元复合肥（15∶15∶15）50千克/亩，饼肥150千克/亩，钾肥10千克/亩，尿素10千克/亩，锌肥、硼肥各2千克/亩。撒施深翻，耙细整平，实现平、松、润的标准。6～8米跨度的大棚，棚两边各留15～20厘米，按110厘米放线，做沟宽30厘米、畦面宽80厘米、高20厘米的小高畦，畦面中央挖深7～8厘米、宽20厘米的地沟，然后盖上地膜，扣棚升温。

（2）移栽定植。棚田10厘米地温稳定在10℃以上，选冷尾暖头晴天上午定植。一般定植大行距64厘米，小行距46厘米，株距33厘米。定植时将地膜剪成"十"字口，挖穴浇足水，水温20℃以上，趁水未干时把去钵苗放入，苗土表面与畦面持平或稍高畦面封好土。

4.定植后的管理

（1）缓苗期管理。定植后到心叶开始生长这段时间为缓苗期，一般5～7天。此期间要密闭大棚保温，白天温度控制在28～32℃，夜间18～20℃为宜。

（2）根瓜采收前的管理。缓苗后为加速生长可在地膜下浇1次井水，也称缓苗水。白天温度25～28℃，夜间温度15～18℃，根瓜采收前追肥浇水，追施尿素20千克/亩、钾肥15千克/亩。

（3）瓜期管理。早春茬大棚黄瓜栽培，在管理上采用"大水大肥高温促"的办法促瓜早上市。白天温度控制在28～32℃，夜间温度15～18℃，高温管理也能减轻病害的发生。7～10天追肥浇水1次，每次追施尿素20千克/亩、钾肥20千克/亩、磷肥10千克/亩。同时要从结瓜开始进行叶面喷肥，喷施0.3%尿素＋0.2%磷酸二氢钾溶液，5～7天喷1次。可有效提高黄瓜产量和质量。

（4）整枝吊蔓。大棚黄瓜可顺垄沟方向拉几道（与黄瓜行数相同）铁丝，然后用尼龙绳，下边拴在黄瓜茎基部，上端活扣在铁丝上，尼龙绳长度适中，瓜蔓绕绳往上攀援，也可人工绕绳辅助攀援。秧顶要与棚膜保持40～60厘米距离，过长秧要落盘。

5.病虫害防治

黄瓜病害主要有霜霉病、细菌

性角斑病、炭疽病、枯萎病等，主要虫害有蚜虫、白粉虱、螨类、斑潜蝇等，要在病虫害初发阶段，选用高效对路农药及时防治。防治黄瓜霜霉病要以生态综合防治为主，药剂防治为辅。加强栽培管理，追施有机肥和磷钾肥，培育健壮苗，阴雨天到来前用30%百菌清烟剂熏烟，每次350克/亩，或用5%百菌清粉尘剂每次1 000克/亩进行预防。发生霜霉病后用58%甲霜灵锰锌可湿性粉剂400倍液或70%乙磷铝锰锌可湿性粉剂500倍液，7~10天喷1次。防治黄瓜细菌性角斑病可用30%DT可湿性粉剂400倍液，或72%农用链霉素或77%可杀得可湿性粉剂400倍液喷施。防治黄瓜炭疽病，于发病初期用80%炭疽福美可湿性粉剂800倍液，或50%甲基托布津500倍液，或70%代森锰锌可湿性粉剂400倍液喷雾，阴雨天可用5%百菌清粉尘或7%炭疽粉尘喷粉防治，每次1 000克/亩。防治黄瓜枯萎病，要实行茬口轮换或嫁接栽培，进行种子、苗床消毒；定植7天后用高锰酸钾800倍液灌根，每株每次灌100毫升，7天灌1次，连灌3次；发病初期用10%治萎灵水剂或用60%防霉宝可湿性粉剂400~600倍液喷雾防治。

二、秋黄瓜栽培

黄瓜秋季露地栽培是指在有霜地区初霜之前收获结束的一茬栽培。在藁城地区，一般在7月下旬定植，8—10月收获。这茬黄瓜对秋淡季的蔬菜供应有重要作用。7—8月正是高温多雨季节，也是秋黄瓜的生长前期，如果栽培不当，就会造成损失。

1. 品种选择

这茬黄瓜苗期正处炎热多雨，生长后期正处低温、弱光，必须选用耐热、抗寒、长势强，对长日照反应不敏感，适应性好的抗病品种，不要求早熟，强调中、后期产量。如中农2号、津杂3号、长青、中农1101、西农棒锤秋瓜、京旭1号、冀黄瓜1号，瑞克斯旺公司的喜旺黄瓜品种等。

2. 育苗

6月中下旬穴盘育苗，苗龄35~40天，7月下旬定植。

3. 定植

因秋黄瓜生长期较短，播种期又遇雨季，所以，前茬作物收获后，尽快清茬腾地。一般亩施腐熟圈肥3 000~4 000千克，过磷酸钙50千克，浅耕或旋耕后，按宽1.35~1.4米做畦，在畦中按行距65~70厘米、高15~17厘米做成2行小高垄，以便于浇水或排水防涝。在定植前1~2天向苗床浇一小水，以利切坨时不散。亩栽苗3 100株，先摆苗，然后浇水，水渗后封掩，土坨一定要与土壤紧密接触，不能有空隙。

4.定植后田间管理

（1）肥料管理。

①定植至采收期：定植后根据植株生长情况追肥1～2次，第一次可在定植后7～10天施提苗肥，每亩施尿素2.5千克左右，第二次在抽蔓至开花，每亩施尿素5～10千克，促进开花结果。

②采收期：进入采收期后，肥水应掌握轻浇、勤浇的原则，施肥量先轻后重。视植株生长情况和采收情况，由每次每亩追施三元复合肥5千克逐步增加到15千克。

（2）水分管理。

黄瓜苗期，正处雨季，如果不旱，直到根瓜采收前一般不浇水。应多中耕除草，每次下雨后，都应浅中耕1次。进入结瓜期，植株需水量增多，可视天气情况进行浇水，浇水量不能太大，也不能太勤，一般3～4天浇1水。大雨过后及时排水。结瓜后期已到9—10月，降雨已少，应适时浇水。黄瓜苗期、初花期、盛瓜期间隔7～15天叶面喷施1次，促进苗期缓苗，增加雌花数量，提高叶片光合作用，延缓早衰，可大幅提高产量。黄瓜需水量大但不耐涝。幼苗期需水量小，此时，土壤湿度过大，容易引起烂根；进入

开花结果期后，需水量大，此时如不及时供水或供水不足，会严重影响果实生长和削弱结果能力。因此，在田间管理上需保持土壤湿润，干旱时及时灌水，可采用浇灌、滴灌、沟灌等方式，避免急灌、大灌和漫灌，沟灌后要及时排除沟内水分，以免引起烂根。

其他田间管理与春黄瓜基本相同。

三、越冬菠菜栽培

1.栽培时间

10月上中旬左右播种，春节前后开始收获。

2.品种选择

菠菜越冬栽培，容易受到冬季和早春低温影响，开春后，一般品种容易抽薹，降低产量和品质。因此，应选用冬性强、抽薹迟、耐寒性强、丰产的品种，如尖叶菠菜、菠杂10号、菠杂9号等耐寒品种。

3.播种

越冬茬菠菜在生长缓慢阶段，即植株达5～6片叶时，有较强的耐寒力。因此，当日平均气温降到17～19℃时，最适合播种。此时，气候凉爽，适宜菠菜发芽和出苗，一般不需播催芽籽，而播干籽和湿籽。播种时，若天气干旱，必须先将畦土浇足底水，播后轻轻梳耙表土，使种子落入土缝。

开沟条播，行距8~10厘米，苗出齐后，按株距7厘米定苗。如果种子纯净度低、杂质多，可用簸箕簸一下，去除杂质及瘪种，剩下饱满的种子播种，确保出苗整齐，长势强。

4. 冬前管护

播种后4~5天就会出齐苗，在出苗前土壤表面干了就浇水，要保证畦土表面湿润至齐苗。菠菜发芽出土后，要进行1次浅锄松土，以起到除草保墒作用。当植株长出3~4片叶时，可适当控水，促进根系发育，以利菠菜越冬。为满足春节前后市场的需要，严冬来临要注意设立风障或搞好防寒防冻覆盖，以免冻坏叶片，严重影响菠菜的产量和质量。当植株长出5~6片叶时生长缓慢，要及时浇封冻水，浇水时机应掌握在土表昼化夜冻。浇冻水最好用粪水，有利于菠菜早春返青加速生长。

5. 病虫害防治

越冬菠菜病虫害主要有炭疽病、霜霉病、病毒病和蚜虫等。霜霉病和炭疽病可于发病初期用75%百菌清600倍液、25%甲霜灵700倍液、40%乙膦铝可湿性粉剂300倍液等喷雾防治。病毒病除实行轮作外，还应及时防治蚜虫等传毒媒介，蚜虫盛发期可用10%吡虫啉2 000倍液或2%阿维菌素2 500~3 000倍液喷雾防治。

"春黄瓜—秋黄瓜—越冬菠菜"的高效栽培模式，还可配套膜下沟灌的节水灌溉模式、防虫网与黄板诱杀相结合控制虫害等技术。综合"错峰高产""节约用水""物理防虫"等配套技术，发挥出其配套设备的最大功效。

四、经济效益分析

早春黄瓜每亩地约产9 500千克，由于上市较早，价格行情比较好，收入约在1.8万元；秋黄瓜每亩地约产5 500千克，约可收入7 000元；越冬菠菜每亩地约可收入2 000元；年经济效益约可达到2.7万元。

小麦—花生双高产栽培模式

近年来农产品价格低迷，尤其是玉米价格持续走低，小麦–玉米种植模式已不再是种植户的最佳选择。目前，土地成本、劳动力成本等持续攀升使得农户迫切需求新的种植模式以保证足够的利益，合理茬口安排以及节本增效、科学管理是基础。现将张家庄镇大丰化村许新华摸索的冬小麦–夏花生双高栽培模式经验予以分享，为调整优化种植结构提供依据。该模式有以下特色：一是实行小麦收后直播花生，可以解决麦套花生播种质量差等问题；二是便于小麦机械化收获和花生机械化播种，便于花生整地、施肥、播种和省时省工等优点，是提高劳动效率，增加产量和效益的有效途径；三是管理简单，农民容易接受，该模式由去年的30多亩，扩展到今年的600多亩，示范带动性强。

本地区作为小麦主产区，种植技术和机械化水平都比较高，如何节本增效，作为增加小麦利益的出发点，夏玉米价格持续走低，安排什么夏播作物能满足茬口要求，大丰化的土壤偏沙，种植花生作为第一选择，而且花生属于豆科作物与小麦（禾本科作物）换茬效果最好，禾本科作物需氮肥较多，需磷、钾肥较少，而花生可固定空气中的氮素，从土壤中吸收磷、钾肥较多，吸收氮素较少，花生的残根、落叶和茎叶回田，能显著改善土壤结构，提高土壤肥力。作为藁城商会成员，统一订购化肥，直接与生产厂家对接，节约了中间流通中的费用；全程机械化（种、收、撒肥、除草、浇水等）节省大量人力节约成本投入；与种子公司签订订单，保障销路，提高价值（每千克较常规小麦价格高0.2元）；科学管理减少投入（小麦种子较一般农户减少3千克/亩，肥料较一般农户减少10~15千克），见下表所示。

通过上表可以看出新型经营主体采用小麦–夏花生种植模式，通过全程机械化＋科学管理亩纯效益2 945元，较农户常规小麦–夏玉米种植模

亩效益分析表

内容	小麦			花生－夏玉米		
	许新华	常规	差值	花生	玉米	差值
种子	40	48	-8	240	45	-195
肥料	85	160	-75	100	160	-60
耕作	45	80	-35	130	20	-110
植保	15	30	-15	30	35	-5
水电	20	60	-40	15	45	-30
收割	40	55	-15	150	80	-70
人工	45	180	-135	30	0	-30
其他	40	50	-10	40	50	-10
总消费	330	663	-333	735	435	-300
毛利润	1 560	1 265	295	2 450	864	1 586
纯利润	1 230	602	628	1 715	429	1 286

式 1 112 元增加 1 914 元。秋粮种植结构调整是大方向，只有顺流而下才能获得较好的效益。

一、冬小麦种植管理技术

1. 优选品种

小麦选择分蘖力强，抗倒伏，成穗率高、早熟、高产优质品种农大399。与藁城区种子产业总公司签订育种合同，价格较常规高 0.25 元 / 千克。一定要落实药剂拌种技术，即可防止虫害和土传、种传病害，又保证苗全、苗壮。采用杀虫、杀菌剂混合拌种技术（苯醚甲环唑 +70% 吡虫啉种子处理可分散粉剂），能有效防治蛴螬、金针虫、蝼蛄等地下害虫和丛矮病（灰飞虱）、黄矮病（蚜虫）等，特别对蚜虫具有持效性，一般年份还可有效推迟穗期麦蚜的发生期，降低发生程度。

2. 合理施肥

根据测土所得的地力基础供肥能力、养分的利用率、秸秆直接还田和小麦的需肥规律等综合分析，按照亩产 500 ~ 600 千克小麦籽粒计算，在整地施用底肥时，专家建议亩施纯氮 6.5 ~ 7.7 千克、五氧化二磷 6.0 ~ 7.3 千克、氧化钾 1.8 ~ 3 千克，即亩施 18：20：7复合肥35千克/亩做底肥。

3. 适期适量播种

按照常年气候要求以及化生收获时期，10月10日播种，12.5~13千克/亩，播前播后2次镇压，隔2~3年深松1次。保证播种深浅一致、播量准确、下籽均匀，加强种子与土壤接触的紧密度，加快出苗速度，提高出苗质量。

4. 更新种植形式

淘汰已经沿用几十年的"三密一稀"种植形式，全面应用（12：12：12：24）厘米"四密一稀"种植形式，使平均种植行距由原来的20厘米左右，缩减到15厘米。以改善田间植株分布的均匀度和吸收光能、水分和养分的均匀性，提高光热资源利用率。降低垄内苗子的拥挤度，提高单株分蘖、长根能力，促进壮苗。提高小麦生育前期叶片的田间覆盖度，降低水分的无效蒸发，实现节水高产。而且与北京丰茂所产的自走式旱作喷雾机相配套，冬前除草和春季一喷三防基本不伤苗，提高了工作效率，减少人工成本。

5. 推广水肥一体化技术

由于采用播前播后两次镇压技术以及冬前10月、11月降水较多，冬前没有浇水。春一水在3月24日，采用中喷水肥一体化灌溉追肥，浇水量20~25立方米/亩，同时追施溶解性较好的尿素10千克；春二水在4月12日，采用中喷水肥一体化灌溉追肥，浇水量20~25立方米/亩，同时，追施溶解性较好的尿素5千克；春三水安排在5月10日，采用中喷水肥一体化灌溉追肥，浇水量15~20立方米/亩。整个生育期灌水总量70立方米/亩左右，追施尿素15千克。

其他管理如下：10月8日亩撒辛硫磷颗粒4~5千克，11月10日春草秋治，5月5日喷施"杀虫剂＋杀菌剂＋叶面肥"做好"一喷综防"，6月13日收获。

二、夏花生高产栽培技术

1. 精细整地、合理施肥

小麦收获后，亩施15：15：15复合肥40千克，旋耕两遍，精耕细耙，达到上虚下实，无根茬、地平土碎。然后机器起垄，垄底宽80~80厘米，垄面宽50~55厘米，垄高10~15厘米，垄面平整，土壤细碎。土壤耕层含水量低于田间持水量的70%，则灌水造墒或者播后浇出苗水，保证苗齐、苗壮。

2. 精选种子、药剂拌种

选择增产潜力大、品质优良、综合抗性好的中早熟品种冀花5号、冀花6号。花生剥壳前带壳晒种，晒种既能利用日光杀死种子表皮上携带的病菌，又能降低花生种子含水量，提高发芽率，可选择晴天上午，在地面上铺一层报纸进行晾晒，天气好、气温高，晒1天就可以了，一般2~3天。播种前7~10天剥壳，剥壳后对种子进行分级，选择色泽新鲜、粒大饱满、无霉变伤残的籽仁。花生根腐病、茎腐病、青枯病发生后防治效果不理想，所以，应采用药剂拌种。根茎腐病发生情况用花生种衣剂"适乐时"包衣，蛴螬及其他地下害虫发生严重的田块，播种前，可用40%辛硫磷乳油1 000倍拌种。

3. 播种适时、密度合理

小麦收获后及时早播，力争6月15日前播种，最晚不能晚于6月20日，播种深度4~6厘米。密度控制在10 000~11 000穴/亩，少于这个密度，花生群体的优势得不到充分发挥，影响产量；超过这个密度，往往因为夏季温度高、湿度大等，易造成田间过于郁闭，严重时，发生倒伏，造成养分浪费，产量也会受到很大影响。

4. 加强田间管理

（1）及时释放幼苗。当花生幼苗穿破地膜露出真叶时，及时将播行上的土埂撤到垄沟内。缺穴的地方及时补种，种子应催芽，补种时浇少量水。对于膜上播种行上方压土不足，花生幼苗不能自动穿破地膜的，要人工破膜放苗。放苗应在上午9:00前或下午16:00后进行。具体做法是在播种穴上方开1个直径4~5厘米的圆孔，并在圆孔上盖高4~5厘米的土墩。当幼苗再次露出，基本齐苗时，及时将膜孔上的土堆撤到垄沟内。四叶期至开花前及时抠出压埋在地膜下面的侧枝。

（2）注意防旱、排涝。夏花生对干旱十分敏感，任何时期都不能受旱，尤其是盛花和大量果针形成下针阶段7月下旬至8月上旬是需水临界期，干旱时应及时灌溉，同时，夏花生也怕芽涝、苗涝，应注意排水。

（3）及时防治病虫害。

① 苗期重点防治蚜虫：当有蚜株率达20%时，用30%蚜克灵2 000倍液或10%吡虫啉4 000倍液，或40%毒死蜱乳油1 000倍液喷雾，每亩药液用量40~50千克。

② 生长中期重点防治棉铃虫和蛴螬

蛴螬　用5%辛硫磷颗粒剂2.5千克或10%毒死蜱1.5千克加细沙土20千克，犁地时撒施或苗期中耕时，撒施于植株主茎处。结荚期用40%辛硫磷乳剂或40%毒死蜱乳剂或10%吡虫啉可湿性粉剂1 000倍药液灌墩。

棉铃虫　用50%辛硫磷1 000~1 500倍液，1.8%阿维菌素2 000~3 000倍液，或10%吡虫啉4

000倍液等喷雾。

③后期重点防治叶斑病：田间病叶率达到6%～8%时开始喷药，每10～15天喷1次，连喷2～3次。常用药剂有72%农用硫酸链霉素可溶性粉剂、1.5%多抗霉素可湿性粉剂、75%百菌清可湿性粉剂、50%多菌灵可湿性粉剂。

（4）防止旺长、倒伏

花生进入花针期生长开始加快，当结荚初期株高达35厘米，主茎日增量超过1.5厘米时，及时叶面喷施杀菌剂烯唑醇700～800倍液，连喷2～3次，间隔7～10天。徒长严重的地块，第三次可加壮饱安进行控制。

（5）叶面喷肥，防止早衰

在花生生育中后期每亩用浓度为2%～3%的过磷酸钙水澄清液75～100千克，添加尿素0.15～0.2千克混合后叶面喷施，每隔10天喷1次或喷施浓度为0.2%～0.4%的磷酸二氢钾液，于8月下旬起连喷2次，间隔7～10天，也可喷施适量的含有N、P、K和微量元素的其他肥料。

5. 及时收获

10月上旬收获，花生植株下部叶片落黄脱落，上部叶片呈黄绿色，饱果率达75%～80%时收获，收获后及时干燥，防止霉烂、发芽和变质，充分干燥（含水量10%以下）后入库保管。籽粒饱满的可作为种子销售，其余的进行压榨，粗加工成花生油销售。

冬小麦藁优 2018 亩产 550 千克保优节水栽培技术规程

1. 范围

本标准规定了冬小麦藁优 2018 亩产 550 千克的基础条件、主要指标、栽培要求和收获。

本标准适用于冀中南地区冬小麦栽培管理。

2. 规范性引用文件

下列文件对于本文件的应用是必不可少的。凡是注日期的引用文件，仅所注日期的版本适用于本文件。凡是不注日期的引用文件，其最新版本（包括所有的修改单）适用于本文件。

GB 4404.1 粮食作物种子 第一部分：禾谷类。

GB/T 8321（所有部分）农药合理使用准则。

GB/T 15671 农作物薄膜包衣种子技术条件。

GB/T 17892 优质小麦、强筋小麦。

NY/T 496 肥料合理使用准则、通则。

DB13/T 924.1 小麦玉米节水、丰产一体化栽培技术规程 第一部分：山前平原区。

3. 基础条件

藁城一望无际的优质麦麦田

越冬麦苗

（1）气象条件。

① 温度（℃）：适宜在常年平均气温不低于13℃，小麦生育期间（不包括冬季）0℃以上积温2 000～2 200℃，冬小麦越冬期间负积温不低于 –240℃，极端最低温度不低于 –15℃。

② 日照（小时）：平均年日照时数大于2 300小时，冬小麦生育期间日照时数（不包括冬季）不低于1 300小时。

③ 降水（毫米）：冬小麦生育期间降水量80～150毫米。

（2）土壤条件。要求地势平坦，土壤肥沃，有良好的耕作基础。耕作层含有机质不低于1.0%，全氮不低于0.08%，速效氮不低于50毫米/千克，速效磷不低于18毫米/千克，

速效钾不低于80毫米/千克。

（3）灌溉条件。全生育期排灌方便，灌溉周期7～10天。春季能保浇2～3水。

4. 主要指标

（1）冬前壮苗指标。越冬期小麦主茎叶龄5～6片，单株茎蘖数3～5个，单株次生根4～8条。冬前生长健壮、不过旺、不瘦弱。符合DB13/T 924.1 的规定。

（2）群体动态指标。基本苗18万～24万株/亩，越冬期总茎蘖数64万～80万株/亩，起身期总茎蘖数90万～120万株，抽穗期穗数48万～55万株。

（3）产量结构指标。适宜产量结构指标：穗数48万～55万株/亩，穗粒数30～32粒，千粒重38～44克，产

麦田机械化除草

量 550 ~ 600 千克 / 亩。

（4）品质指标。蛋白质（干基）不低于 15%，湿面筋不低于 32%，稳定时间不低于 15 分钟。

5. 栽培要求

（1）播前准备。

① 种子质量：种子应符合 GB 4404.1 的规定。

② 种子处理：种子包衣部分按照 GB/T 15671 规定执行。药剂拌种按照 GB/T 8321（所有部分）规定执行。

③ 浇足底墒水：播前洇地造墒，每亩灌水量 40 ~ 45 立方米（播前有降水 30 毫米以上时，可不造墒）。

④ 玉米秸秆还田：玉米收获时或收获后，在田间将秸秆粉碎 2 遍，细碎、铺匀。

⑤ 施用底肥：肥料施用应符合 NY/T 496 的规定。整地前每亩施用纯氮：7 ~ 8 千克，五氧化二磷：8 ~ 9 千克，氧化钾：4 ~ 6 千克，硫酸锌：1 ~ 1.5 千克。

⑥ 整地和修整垄沟：秸秆还田后，旋耕两遍，旋深不低于 12 厘米。地面平整，无明暗坷垃，耙盖踏实。结合整地修整好田间灌溉用的垄沟，垄沟宽不超过 0.7 米。提倡采用地下管道输水。

（2）田间播种。

① 播种期与播种量：适宜播种期为 10 月 5 日—10 月 12 日。10 月 5—10 日播种的，播种量为 10 ~ 12.5 千克 / 亩。10 月 10 日以后播种的，每推迟 1d 增加播种量 0.5 千克 / 亩。高肥力地适当降低播量，中肥力地适当提高播量。

②播种形式：采用15厘米等行距播种技术或13厘米：13厘米：19厘米三密一稀播种技术。播种要均匀。

③播种深度：3~5厘米。

④镇压：播种后适墒镇压。

⑤做畦：畦宽4~5米，长7~10米，或畦面积不大于50平方米。实施水肥一体化灌溉的地块按相关标准执行。

（3）冬前管理。

①冬前病虫草害防治：出苗后注意防治土蝗、蟋蟀、灰飞虱。防治麦田雀麦、节节麦等禾本科恶性杂草。药剂应用按照GB/T 8321.3、GB/T 8321.4、GB/T 8321.5、GB/T 8321.6执行。

②冬前灌水及保墒：秸秆还田或土壤缺墒麦田要适时（夜冻昼消）灌冻水，每亩灌水量40~50立方米。灌水后及时锄划保墒。

（4）春季管理。

①镇压锄划：小麦返青期前后，及时镇压锄划，增温保墒。

②春季病虫草害防治：春季以防治麦田阔叶杂草等为主。小麦起身期用除草剂化学除草，但不得使用含有2、4-D成分的除草剂。返青期至拔节期以防治纹枯病、根腐病、麦蜘蛛为主，兼治白粉病、锈病等。可与化学除草结合进行。孕穗至抽穗扬花期，以防治吸浆虫、麦蚜为主，兼治白粉病、锈病、赤霉病等。灌浆期重点防治穗蚜、白粉病、锈病。防治方法按照 GB/T 8321.1、GB/T 8321.2、GB/T

飞行器统防统治

8321.3、GB/T 8321.4、GB/T 8321.5、GB/T 8321.6、GB/T 8321.7 执行。

③ 浇水施肥：正常年份春季浇 2 次水。拔节期浇第一水，苗壮适当推后，苗弱适当提前。随春一水追施纯氮 5.5~6.5 千克 / 亩。扬花期浇第二水，一般补施纯氮 2 千克 / 亩左右，如果此时苗情偏旺（地力好），此肥可不施，或者结合治虫加 1%~2% 的尿素喷施。每次每亩灌水量不大于 40 立方米。干旱年份在小麦扬花后 15~20 天酌情浇第三水。禁止浇麦黄水。

6. 收获

收获前，去杂去劣。适时收获期掌握在腊熟末期，不宜过晚。收获时，严防机械混杂和混收混放。收获后，及时晾晒。

冬小麦藁优 5766、藁优 5218 亩产 550 千克保优节水栽培技术规程

1. 范围

本标准规定了冬小麦藁优 5766、藁优 5218 亩产 550 千克保优节水栽培的基础条件、主要指标（冬前壮苗、群体动态、产量结构、品质指标）、栽培要求和收获。

本标准适用于石家庄市水浇地麦区冬小麦栽培管理。

2. 规范性引用文件

下列文件对于本文件的应用是必不可少的。凡是注日期的引用文件，仅所注日期的版本适用于本文件。凡是不注日期的引用文件，其最新版本（包括所有的修改单）适用于本文件。

GB 4404.1 粮食作物种子 第一部分：禾谷类。

GB/T 8321（所有部分）农药合理使用准则。

GB/T 15671 农作物薄膜包衣种子技术条件。

NY/T 496 肥料合理使用准则、通则。

3. 基础条件

（1）气象条件。

① 温度：冬小麦生育期间有效积温 2 200 ℃以上。

② 日照：冬小麦生育期间日照时数（不包括冬季）不低于 1 300 小时。

③ 降水：冬小麦生育期间降水量 80 ~ 150 毫米。

（2）土壤条件。地势平坦，土壤肥沃，耕作基础良好。耕作层有机质含量不低于 15.0 克 / 千克，全氮不低于 1.0 克 / 千克，碱解氮不低于 70 毫克 / 千克，有效磷（P）不低于 20 毫克 / 千克，速效钾不低于 90 毫克 / 千克。

（3）灌溉条件。冬小麦生育期间排灌方便，灌溉周期不超过 10 天。春季能保证浇二水。

4. 主要指标

（1）冬前壮苗指标。越冬期小麦主茎叶龄 5 叶 1 心，单株茎数 3 ~ 5 个，单株次生根 4 ~ 6 条。

（2）群体动态指标。基本苗每亩 21 万 ~ 24 万株，越冬期总茎蘖数每

石家庄市藁城区农业种植技术模式

亩 70 万 ~ 90 万株，起身期总茎蘖数每亩 100 万 ~ 130 万株，抽穗期穗数每亩 50 万 ~ 55 万株。

（3）产量结构指标。藁优 5766 适宜产量结构指标：穗数每亩 46 万 ~ 52 万株，穗粒数 36 ~ 39 粒，千粒重 39 ~ 42 克。

藁优 5218 适宜产量结构指标：穗数每亩 47 万 ~ 52 万株，穗粒数 37 ~ 39 粒，千粒重 38 ~ 41 克。

（4）品质指标。蛋白质（干基）不低于 15%，湿面筋不低于 30%，面筋指数不低于 90，藁优 5766 稳定时间不低于 35 分钟、藁优 5218 稳定时间不低于 20 分钟。

5. 栽培要求

（1）播前准备。

① 种子质量：应符合 GB 4404.1 的规定。

② 种子处理：种子包衣部分按照 GB/T 15671 规定执行。

③ 造足底墒：播前洇地造墒，每亩灌水量 30 ~ 35 立方米（播前有降雨 30 毫米以上时，可不造墒）。

④ 施用底肥：肥料施用应符合 NY/T 496 的规定。整地前每亩施用氮肥（纯氮）：7 ~ 8 千克，磷肥（五氧化二磷）：7.5 ~ 8.5 千克，钾肥（氧化钾）：6 ~ 10 千克，硫酸锌：1 ~ 1.5 千克。

⑤ 精细整地：上茬作物秸秆精细还田，旋耕两遍，旋深不低于 15 厘米。平整地面，耙盖踏实。

（2）播种。

① 播期与播量；适宜播种期为 10 月 5 日—12 日。播量按每亩基本苗 21 万 ~ 24 万株确定。高肥力地适当降低播量，中肥力地适当提高播量。

② 播种形式：宜采用 15 厘米等行距播种。

③ 播种深度：播深 3 ~ 5 厘米。

④ 镇压：播种后采取强力镇压，镇压器每延米重量 110 ~ 130 千克。（查省地标 2016）

（3）冬前管理。

① 秋季杂草防治：冬小麦 3 叶 1 心期，采用药剂及时防治雀麦、节节麦等禾本科恶性杂草。气温低于 10℃停止作业。

药剂应用按照 GB/T 8321.3、GB/T 8321.4、GB/T 8321.5、GB/T 8321.6 执行。

② 免灌冻水：除特殊干旱年份，冬前不宜灌冻水。

（4）春季管理。

① 镇压锄划：小麦返青期前后，及时分类镇压锄划，控旺防倒，增温保墒。

② 水肥管理：平水年份春季浇

水 2 次。拔节期浇第一水，每亩追施氮肥（纯氮）5.5～6.5 千克；抽穗扬花期浇第二水，每亩补施氮肥（纯氮）2～3 千克。穗期宜结合病虫防治，喷施 1%～2% 的尿素水溶液。

③ 病虫害防治：病虫害防治方法参照 GB/T 8321.1、GB/T 8321.2、GB/T 8321.3、GB/T 8321.4、GB/T 8321.5、GB/T 8321.6、GB/T 8321.7 执行。

④ 适时收获：完熟期收获，不得机械混杂。若有降雨过程，采取避雨收获，人工烘干。

强筋小麦藁优 2018 特性表现及配套高产栽培措施

藁优 2018 是藁城区农科所育成的高产优质强筋小麦品种。2008 年通过河北省审定，审定编号：冀审麦 2008007 号，该品种已获植物新品种保护权，品种权号：CNA005648E。2011 年通过河南省认定，是目前河北省强筋麦当家品种，每年种植面积 300 多万亩。一般亩产 550 千克左右，2014 年最高亩产达到 701 千克。该品种品质性状突出，面团稳定时间达到 28 分钟以上，是目前国内大型面粉企业首选强筋麦品种。2008 年获农业部中国小麦品质鉴评强筋麦组第一名。国内专家鉴定认为"藁优 2018 品种在小麦高产与超强筋结合育种上达到国际先进水平"。2009 年列入河北省科技厅"农业科技成果转化资金项目"支持品种。2012 年、2013 年该品种分别获石家庄市科技进步一等奖和河北省科技进步三等奖。本所编制的"冬小麦藁优 2018 亩产 550 千克保优节水栽培技术规程"于 2013 年作为河北省地方标准发布实施。本所主持的

"强筋小麦高产高效标准化技术集成与推广"项目于 2014 年获河北省农业技术推广二等奖。

为充分发挥藁优 2018 品种的优质特性、增产潜力和增值效益，藁城区农科所近年来通过在多地开展不同浇水施肥水平和次数、播期、播量及高产保优节水栽培等试验，总结集成藁优 2018 亩产 600 千克保优高产配套栽培技术，必将加快促进该品种的推广和应用。

1. 品种特征

藁优 2018 属半冬性。幼苗半匍匐，叶片深绿色，分蘖力较强。株型紧凑，株高 73 厘米左右，穗层整齐。穗长方形，长芒，白壳，白粒，硬质，籽粒较饱满。容重 790 克 / 升以上。生育期 240 天左右。

2. 品种特性

（1）抗寒。适应性广。适宜河北省中南部冬麦区中高水肥地块种植。

（2）抗病。藁优 2018 茎叶蜡质

多，抗病性好。经省植保所抗病性鉴定，藁优 2018 为高抗叶锈（1 级）、中抗条锈（2 级）和白粉病（2 级），属于抗病较好品种。后期抗叶枯病。

（3）抗倒。株高 73 厘米，秆矮、秆细、基部节间坚实、组织紧密、韧性好，抗倒性强。

（4）抗逆。该品种颖壳（口）紧，粒不外露，能降低吸浆虫为害。收割时不易落粒。藁优 2018 品种休眠期长达两个月之久，抗穗发芽能力强，能有效抵御后期阴雨灾害性大气造成的穗发芽。2004 年 6 月 15 日淋雨试验，连续降雨 12 个小时，2 个对照品种穗发芽分别为 34% 和 43%，而 2018 品种没有一粒发芽。2008 年是小麦熟期多雨年型，大部分品种穗发芽严重，粒色和内在品质均较差，而 2018 品种因高抗穗发芽，无论粒色等外观品质，还是稳定时间等内在品质均非常突出，大面积推广当年就成为优质麦市场的抢手货。

（5）节水。藁优 2018 小麦秆细、叶窄、蜡质多、蒸腾量小，冬季保墒好的情况下，春季只浇二水亩产就能超千斤。

（6）早熟。藁优 2018 品种前期发育快，抽穗较早，灌浆强度大，落黄后回性较快，可充分避开后期灾害性天气夺取高产。

3. 产量表现

藁优 2018 以穗多粒大创高产，最佳产量结构：亩穗数 50 万 ~ 55 万株，穗粒数 30 ~ 32 粒，千粒重 42 ~ 45 克，一般亩产 550 千克，具有 650 千克的高产潜力。2011 年 6 月在藁城区石井村经国内专家实收实打，藁优 2018 最高亩产 651.46 千克，创河北省优质麦高产纪录。2014 年藁城市高产创建万亩示范区面积 23 800 亩实收测产平均亩产 577.44 千克，最高亩产达到 701 千克。通过几年来，不同地区大面积的种植，表现出了较强的丰产、稳产和广适性，得到了各级领导和广大农民的一致认可。

4. 品质性状

河北省检测结果：2006 年籽粒粗蛋白 14.98%，沉降值 44.2 毫升，湿面筋 31.9%，吸水率 58.1%，形成时间 6.8 分钟，稳定时间 28.0 分钟；2007 年籽粒粗蛋白 15.48%，沉降值 45.8 毫升，湿面筋 31.8%，吸水率 57.4%，形成时间 6.0 分钟，稳定时间 24.0 分钟。

农业部检测结果：2007 年农业部谷物品质监督检验测试中心检测：粗蛋白（干基）15.50%，湿面筋（14% 湿基）34.1%，吸水率 57.0%，形成时间 12.2 分钟，稳定时间 39.6 分钟，弱化度 10B.U，评价值 416。2008 年国家小麦质量报告结果：容重 816 克 / 升，籽粒粗蛋白 (干基)14.77%，湿面筋 (14% 湿基)30.1%，吸水率 57.9%，形成时间 2.5 分钟，稳定时间 35.2 分钟，拉伸面积 162 平方厘米，延伸性 164 毫米，抗延阻力 778E.U，面包体积 890 毫升，面包评分 93。2010 年农业部谷物品质监督检验测试中心检测：硬度 69.2，容重 829 克 / 升，粗蛋白 (干基)15.43%，湿面筋 (14% 湿基)32.2%，吸水率 57.5%，形成时间 23.7 分钟，稳定时间 38.3 分钟，拉伸面积 208 平方厘米，延伸性 178 毫米，最大抗延阻力 908E.U 等。

藁优 2018 小麦品质性状突出，面团稳定时间 28 分钟以上，且年际间表现非常稳定，加工出的面粉适合做面包、水饺，深受面粉加工企业的欢迎。

5. 优质高效

近五年来，藁优 2018 强筋麦市场价格稳定高出普麦价格 0.24 ~ 0.30 元 / 千克，农民种植藁优 2018 每亩新增种植收入 120 ~ 150 元。2011 年秋季，藁优 2018 收购价稳定在 2.60 元 / 千克，高出普通小麦 0.60 元 / 千克，农民种植藁优 2018 每亩多收入 300 多元，藁城全区 30 万亩藁优 2018 强筋麦为农民新增种植效益 1 亿多元。目前藁城市参与优质麦商品粮购销的

单位达到 80 多家，经纪人达 5 千多人，年优质麦购销量达到 55 万吨，收购市场延伸到冀中南各优质麦种植县。藁城市因此成为全国闻名的优质小麦生产基地和优质麦商品粮购销集散地。此项产业每年为社会创造效益近 3 亿元。

6. 高产配套栽培技术

小麦夺得高产关键不仅在于选择优良品种，掌握科学的种管方法才能保证获得高产高效，其中，提高播种质量是栽培管理中的重中之重。

（1）实施配方施肥技术。玉米收获后，采用秸秆粉碎机粉碎秸秆 2 遍，切碎秸秆 5 ~ 10 厘米，均匀覆盖地表。实施测土配方施肥技术，不仅能使产量提高 10% 左右，还可节省氮肥 20% ~ 30%，降低施肥成本，提高种粮效益。经过近几年示范推广证实，施足底肥标准确定为每亩施纯氮 6.25 千克、五氧化二磷 8.6 千克、氧化钾 3.2 千克比较合适。实现三要素相对协调、平衡，提高小麦肥料吸收利用率。

（2）精细整地。在秸秆还田、施足底肥、底墒充足基础上，精细整地。整地要求地面平整、没有明暗坷垃，使土壤上松下实，促进根系发育。为了增强抗寒、抗旱等抗灾夺丰收的能力，通过改制旋耕犁增设镇压辊、改制播后镇压机，大力推广实施了"播

前播后2次镇压"技术，整地、播种质量显著提高，保证了小麦的出苗整齐度和均匀度，增强了麦田保墒防旱、防冻能力。据播种期间调查，采取旋耕犁增设镇压辊措施后，土壤踏实程度可达6～7厘米，小麦种子入土深度可保持在3～5厘米，明显提高了小麦播种的均匀度和深浅一致性。

（3）药剂拌种。为预防土传、种传病害及地下害虫，使用杀虫剂、杀菌剂包衣种子，预防根腐病、纹枯病、黑穗病及地下害虫。用40%辛硫磷100毫升、2%立克锈150克（或2.5%适乐时150毫升），对水5千克，拌种100千克，闷种4～8小时，晾干后播种。

（4）适期播种，精确控制播量。冀中南麦区适宜播期为10月5—15日，最佳播期6—9日。播种量为11～12千克为宜，在最佳播期外，以播期调播量，每晚播一天增加0.5千克播量，最晚不要超过10月20日。播种过早，苗期温度过高，易造成徒长，土壤养分早期消耗过度，多形成先旺后弱的老弱苗。播种过晚，冬前生长积温不够，冬前营养生长量不够，形成晚差弱苗，分蘖不足，根系不发达，抗逆性差，难以高产。播种深度要求为3～5厘米，精确控制播量，落种均匀，深浅一致，严防重播漏播。

（5）改革种植形式、提高光热水肥资源利用率。传统"两密一稀"或"三密一稀"种植模式，由于行距设置不合理、光热资源利用率低、保水效果差、植株营养不均衡，不利于高产突破。我们针对藁优2018株型紧凑的特点，研究推广新型"四密一稀"小垄密植播种形式（12厘米：12厘米：12厘米：24厘米），由于行距缩小、田间种植垄数增加，在同等播量条件下，田间分布均匀度明显提高，单株营养面积明显增大，分蘖增多，根系发育好，单株发育健壮，有利于争取大穗。同时，行距缩小，减少了田间漏光，增大了田间生物覆盖度，减少了土壤水分蒸发和养分挥发损失，提高了光热水肥利用率。保墒节水效果明显。

（6）播种后二次镇压。播种后用镇压机进行第二次镇压，进一步踏实土壤，增强了种子与土壤接触的紧密度，出苗率和出苗均匀度显著提高，缺苗断垄现象明显减少。实行播前播后2次镇压，显著提高了土壤的保温、保墒能力。据近几年小麦越冬后调查，播前播后2次镇压的麦田绿叶越冬率达89.5%，较常规耕播的增加了17.4%，保证了小麦安全越冬。

（7）科学运筹肥水，实施节水灌溉。为了提高小麦抗冻、抗旱能力，如在秋播后基本无有效降水时，应实施冬前浇封冻技术，不仅能确保小麦带绿安全越冬，而且能有效抵御冬旱连春旱的不利影响，保证小麦返青至起身阶段苗情的正常发育。

春季重点抓好拔节期、扬花期关键肥水管理。根据苗情、墒情分类进行。群体小、个体弱，墒情不足的麦田，春一肥水一般在3月中旬管理。群体较大，墒情好的麦田，春一水推迟到3月底4月初管理。群体大有旺长趋势的麦田，春一水推迟到拔节期管理（4月上旬）。分类管理旨在加速两极分化，促大蘖成穗。随春一水亩施尿素10~15千克，最多不能超过20千克，提高穗粒数。

抽穗扬花期浇第二水，后期有脱肥现象可在浇第二水时补施尿素5千克或进行叶面喷肥，增加千粒重。后期不再浇水。正常年份春季浇2水亩产可达千斤以上。较传统管理方式减少3次浇水。高产节水效果明显。

（8）抓好抗倒伏措施。一是掌握适宜播种期和播种量，将播种期安排在10月7—9日，将播种量控制在10~12千克。二是控制返青、起身期肥水，将春一水安排在4月上旬的拔节期，并将追肥量控制在亩施尿素10~15千克，控制下部叶片过度伸长，促进根系发育，防止下部第

1~3节间过长，提高后期抗倒伏能力。三是麦收前10天停止浇水，防止因水引起倒伏。

（9）普及叶面喷肥技术。预防或减轻干热风、杀麦雨的危害，提高抗逆增产能力。一是在扬花、灌浆期进行两次喷施磷酸二氢钾＋硼肥，提高灌浆强度和抵御干热风能力。二是视墒情在麦收前15天左右浇足灌浆水，保证后期适宜的土壤墒情和田间空气湿度，减轻干热风的危害程度。

（10）综合防治病虫草害技术。农作物病虫害防治是一项专业性、技术性、时效性很强的工作。抓住杂草秋治、孕穗期防治吸浆虫、扬花期和灌浆期综合防治病虫害等关键时期，实行统一预防、统一供药、统一喷药防治，提高病虫防治效果，实现小麦高产增收。具体防治时期、防治方法如下。

①播种前采用杀虫剂、杀菌剂规范化混合拌种，防治金针虫等地下害虫，并预防土传、种传病害。

②在冬前小麦3~4叶期，采取除草剂、杀虫剂和杀菌剂混合喷施，综合防控杂草和根腐病、麦蜘蛛。冬前除草时间掌握在11月下旬，日平均气温在4℃以上进行。此时，正值小麦3叶期，杂草5~6叶龄，防治效果非常明显。

③在小麦起身期前后，采取除草剂、杀虫剂和杀菌剂混合喷施，综合防控杂草和根腐病、纹枯病、麦蜘蛛、麦叶蜂。本次防治注意3点：一是时间选在3月中下旬晴好高温天，宜早不宜晚；二是选择不含有2，4-D成分的除草剂，同时，加入杀虫剂、杀菌剂；三是严格控制喷水量，按说明用药，一定做到喷匀喷透，不留死角。

④孕穗期（4月下旬左右）防治吸浆虫蛹期最佳时期。注意3点：一是时间选择在小麦抽穗前3~6天，常年在4月24—27日；二是配制毒土亩用地达1 600克或3%甲基异硫磷粉粒剂1千克拌细土20~25千克，撒施于麦田，一定要使毒土完全均匀落入地面；三是撒毒土后必须立即浇水。

⑤扬花、灌浆期(5月10日前后)是防病治虫关键时期。采取杀菌剂与杀虫剂混合喷施，综合防控麦蚜、吸浆虫、白粉病、叶枯病、赤霉病、颖枯病，促进灌浆提高粒重。

第一次用药：小麦抽穗开始后，扬花前，可亩用吡虫啉20~30克（或其他杀虫剂混用），加5%多菌灵100克/亩（或粉锈宁等其他杀菌剂），对水30千克以上（2桶水）喷雾。黄昏前后喷药效果好，第一次用药必须掌握在小麦抽穗后扬花前。

第二次用药：时期掌握在第一次喷药后5~7天，不宜间隔过长，混喷杀虫剂+杀菌剂+叶面肥或磷酸二氢钾，亩喷水量2~3桶水，确保上中下部喷匀喷透。

（11）适时收获。最佳收获期是腊熟末期，千粒重最高，籽粒外观色泽好，品质最佳，收后及时晾晒，利于高价出售。

通过几年来的大面积推广，藁优2018小麦已成为冀中南优质麦区的主导品种，同时，得到了国内各粮食企业、面粉加工企业的认可，发展前景非常看好，经济和社会效益也更加显著。

B31

DB1301

石 家 庄 地 方 标 准

DB1301/T252—2017

大棚春茬西瓜间作豇豆—秋茬番茄
栽培技术规程

石家庄市质量技术监督局 发布

前　言

本标准按照 GB/T 1.1 — 2009 给出的规则起草。

本标准由石家庄市藁城区质量技术监督局提出。

本标准起草单位：石家庄市藁城区农业高科技园区。

本标准主要起草人：武彦荣、王艳霞、张敬敬、李翠霞、李兰功、马书昌、彭晓明、陶秀娜、郭晓慧、左秀丽、何煦、王会娟。

大棚春茬西瓜间作豇豆—秋茬番茄栽培技术规程

一、范围

本标准规定了大棚春茬西瓜间作豇豆—秋茬番茄栽培的产地环境、茬口安排、品种选择和生产管理要求。

本标准适用于大棚春茬西瓜间作豇豆—秋茬番茄生产。

二、规范性引用文件

下列文件对于本文件的应用是必不可少的。凡是注日期的引用文件，仅所注日期的版本适用于本文件。凡是不注日期的引用文件，其最新版本（包括所有的修改单）适用于本文件。

GB 16715.1 蔬菜作物种子 瓜类

GB 16715.3 蔬菜作物种子 茄果类

NY/T 5010 无公害农产品 种植业产地环境条件

DB13/T 453 无公害蔬菜生产 农药使用准则

DB13/T 454 无公害蔬菜生产 肥料施用准则

DB13/T 951 蔬菜设施类型的界定

DB13/T 1649 早春西瓜嫁接育苗技术规程

DB13/T 2453 棚室西瓜蜜蜂授粉技术规程

三、产地环境

符合 NY/T 5010 的规定。

四、生产设施

符合 DB13/T 951 的塑料大拱棚、小拱棚的要求。

五、农药和化肥的使用

农药的使用应符合 DB13/T 453 的要求，化肥的施用应符合 DB13/T 454 的要求。

六、茬口安排

（一）西瓜

1月中旬嫁接育苗，3月上中旬定植，5月中下旬收获。

（二）豇豆

3月上旬直播，5月上旬开始收获，7月上旬拉秧。

（三）番茄

6月中旬育苗，7月下旬定植，9月下旬开始采收，11月中下旬拉秧。

七、西瓜栽培管理技术

（一）品种选择

选择耐低温弱光、早熟、抗病、优质的品种，如星研四号、胜欣等。种子质量符合 GB 16715.1 的要求。

（二）育苗

1. 育苗时间

1月中旬日光温室嫁接育苗，嫁接西瓜苗龄 45 ～ 55 天。

2. 育苗技术

按 DB13/T 1649 的要求操作。

（三）定植前准备

1. 清洁田园

清除前茬作物的残枝烂叶及病虫残体。

2. 棚室消毒

在定植前 7 ～ 10 天，每亩用 20% 百菌清烟剂 250 ～ 400 克熏棚。一般在晚上进行，熏烟密闭 24 小时。

3. 整地施肥

冬前深翻晒垡，结合整地施足基肥，以腐熟农家肥为主，亩施腐熟有机肥 2 000 ～ 3 000 千克，生物有机肥 50 千克，磷酸二铵 25 ～ 30 千克，硫酸钾 10 千克，硼砂 1 千克作底肥。底肥 2/3 撒施、1/3 沟施，按 2.8 ～ 3.0 米行距开沟，沟宽 60 ～ 70 厘米，沟深 30 ～ 35 厘米，小高垄栽培，垄宽 50 ～ 60 厘米，垄高 10 ～ 15 厘米。

（四）定植

1. 定植时间

当棚内 10 厘米地温稳定在 12℃以上即可定植。定植前 15 天扣好大棚，采用四膜覆盖（地膜、小拱棚、双层大棚膜）栽培的，一般 3 月上中旬定植。

2. 定植密度

定植株距 0.3 ～ 0.33 米，行距 2.8 ～ 3.0 米，亩种植 700 ～ 800 株。

3. 定植方法

定植前 5 ~ 7 天顺沟浇水，造足底墒。定植前 2 ~ 3 天瓜畦上覆盖地膜，定植后瓜田全部覆盖地膜，并盖好小拱棚。定植 20 ~ 25 天后视天气情况及时撤去小拱棚。定植时要保证幼苗根坨完整，嫁接口应高出垄面 1 ~ 2 厘米。

（五）定植后管理

1. 温度

定植后 5 ~ 7 天闷棚缓苗，超过 38℃ 时放风降温，心叶变绿结束缓苗；棚内气温白天保持在 25 ~ 30℃，超过 35℃ 时放风，夜间保持在 15 ~ 20 ℃；结瓜期棚内白天气温控制在 28 ~ 33℃，夜间温度不低于 18℃。

2. 湿度

定植后一周内，每天上午 10:00—11:00 放风换气降湿，在晴暖天气，放风口适当早开、晚闭，棚内空气湿度以 60% ~ 70% 为宜。生长前期棚内温度较低，通风换气应在中午进行，中后期通风时间长短、风口大小应视天气状况而定。

3. 水肥

缓苗后，视苗情和墒情浇缓苗水。授粉前浇 1 次水，亩随水冲施三元复合肥 3 ~ 5 千克，授粉期间一般不浇水。定瓜后，瓜直径 10 ~ 12 厘米时，浇 1 次膨瓜水，亩冲施三元复合肥 5 ~ 8 千克；当瓜直径 15 厘米左右时，浇 1 次大水，亩施硫酸钾 5 ~ 10 千克，果实定个后适当控制浇水以提高品质。果实膨大期可喷施高钾叶面肥或 0.2% 的磷酸二氢钾 2 ~ 3 次。采收前 7 ~ 10 天停止浇水。

4. 整枝打杈

采用双蔓和三蔓整枝，主蔓第 2 ~ 3 个雌花留瓜。

5. 授粉

采取蜜蜂授粉或人工授粉方法。蜜蜂授粉按照 DB13/T 2453 执行；人工授粉一般上午 9:00—11:00 进行。

6. 定瓜

瓜直径 5 ~ 10 厘米时，每株选留瓜胎周正、无病虫为害的瓜 1 个（小果型可留多果）。

（六）病虫害防治

1．主要病虫害

主要病害有炭疽病、蔓枯病等，主要虫害有蚜虫、粉虱等。

2．物理防治

（1）挂黄板。每20平方米悬挂25厘米×30厘米黄板一块，诱杀粉虱和蚜虫。

（2）设防虫网。大棚放风口处铺设40目异型防虫网。

（3）趋避。覆盖银灰色地膜驱避蚜虫。

3．化学防治

按照DB13/T453的规定进行。采用高效低毒、低残留、残效期短的农药进行综合防治，并注意轮换用药、合理混用，注意安全间隔期。

（七）采收

开花后35～40天开始采收，采收时间10:00—14:00为最宜。采收时将果柄从基部剪断，每个果保留一段绿色的果柄，雨天不宜采收。

八、豇豆栽培管理技术

（一）品种选择

选用抗病，抗逆性强，优质、高产、商品性好的品种，如之豇28、青豆120等。种子纯度≥97%、净度≥99%、发芽率≥85%、水分≤12%。

（二）播种

豇豆直播，每穴3～4粒种子，3月上旬适时播种，保证全苗。

（三）共生管理

豇豆播后5～7天出苗，爬蔓期及时吊蔓。西瓜和豇豆共生期间，前期以西瓜管理为主，豇豆的肥水管理随西瓜的需求同时进行。

西瓜定个后，以豇豆管理为主。

（四）豇豆采收期管理

5月上旬西瓜采收后，正值豇豆结荚盛期，豆荚及时采收上市。加强肥水管理，每隔8～10天浇水1次，隔一水追1次肥，亩追施三元复合肥10千克。白天应及时通风、降温、降湿，保持温度25～32℃，湿度70%～80%。

（五）病虫害防治

按照DB13/T453的规定进行。采用高效低毒、低残留、残效期短的农药进行综合防治，并注意轮换用药、合理混用。

（六）接茬期管理

1. 清理田园

7月初停止采收豇豆，拔除豆秧，清理田间病残体。

2. 底肥

一般亩施腐熟有机肥2 000千克，饼肥100～200千克，N、P、K（15–15–15）的复合肥30～50千克。

3. 高温闷棚

大棚施肥后中耕深翻、浇透水、覆盖废旧棚膜，密闭大棚，晴天保持15天闷棚。

九、番茄栽培管理技术

（一）品种选择

选用抗高温、抗病毒、适应性强、品质好、丰产性强的品种，如金鹏11号、金鹏14号、祥瑞、粉琪298等，种子质量符合GB 16715.3的规定。

（二）育苗

1. 种子处理

播种前选择晴天晒种1～2天，用55℃温水浸种15分钟，滤去水分放入10%磷酸三钠溶液中浸泡20分钟，然后清洗干净，在清水中浸泡6～7小时，捞出、沥干水分播种。

2. 育苗

6月下旬育苗，苗龄28～30天。选择地势高、通风、排水良好的大棚中育苗，棚上加盖遮阳网和防虫网。播种到齐苗白天温度保持在28～30℃，齐苗后白天温度保持在23～25℃。

（三）定植

7月下旬定植，高垄栽培，垄高15～25厘米，株行距（0.3～0.35）米×1.0米，亩种植密度1 800～2 200株，最好选择下午16:00—18:00定植。

（四）定植后管理

1. 温光管理

前期，高温、强光环境下用遮阳网遮盖，温度降至28℃时，揭开遮阳网；后期，晚间温度低于16℃时，及时加盖围裙膜，关闭放风口；白天温度超过

32℃时通风，夜间注意防寒保温。

2. 肥水管理

（1）追肥。秋茬番茄切忌施氮肥过多，追肥以复合肥为主。第一穗果长至核桃大小时，开始第一次追肥，追施（15-15-15）复合肥15～20千克，以后每形成一穗果追1次肥，一般追肥3～4次，后期随着气温降低，根系吸收能力弱，可叶面喷施0.2%磷酸二氢钾。

（2）浇水。定植3天后适度浇水，浇水时避开高温高湿天气。当第一穗果核桃大小时，结合第一次追肥开始浇水，保持土壤润而不湿、不开裂、无渍水，随着气温的下降减少浇水次数。

3. 植株调整。单干整枝，及时去除侧枝。保留4～5穗果后打顶，第一穗果定个后，摘除下部老叶。

4. 保花保果。采用雄（蜜）蜂授粉，第一穗花开放时，将蜂箱置于棚室中部距地面1米左右的地方，一般每500～667平方米放一箱，蜂箱上面20～30厘米处搭遮阳篷。秋季栽培一箱蜂可用到授粉结束。

（五）病虫害防治

1. 主要病虫害

主要病害有病毒病、疫病、溃疡病等，主要虫害有蚜虫、粉虱、红蜘蛛。

2. 物理防治

（1）挂黄板。同七.（六）.2.（1）。

（2）设防虫网。同七.（六）.2.（2）。

（3）趋避。用10厘米宽的银灰色地膜条，挂在棚室风口处及棚室内支架上驱避蚜虫。

3. 化学防治。

化学防治按照DB13/T453的规定进行。采用高效低毒、低残留、残效期短的农药进行综合防治，并注意轮换用药、合理混用，注意用药安全间隔期。

（六）采收

果实自然转色成熟后，及时采收上市。

B31

DB1301

石 家 庄 地 方 标 准

DB1301/T253—2017

大棚秋茬番茄—深冬菠菜—春茬黄瓜
栽培技术规程

石家庄市质量技术监督局 发布

前　言

本标准按照 GB/T 1.1 — 2009 给出的规则起草。

本标准由石家庄市藁城区质量技术监督局提出。

本标准起草单位：石家庄市藁城区农业高科技园区。

本标准主要起草人：王艳霞、武彦荣、李兰功、马书昌、魏风友、何建永、郭晓慧、彭晓明、左秀丽、何煦、李翠霞、王会娟。

大棚秋茬番茄—深冬菠菜—春茬黄瓜栽培技术规程

一、范围

本标准规定了大棚秋茬番茄—深冬菠菜—春茬黄瓜一年三茬栽培的产地环境、设施类型、茬口安排、品种选择和生产管理要求。

本标准适用于大棚秋茬番茄—深冬菠菜—春茬黄瓜一年三茬蔬菜栽培。

二、规范性引用文件

下列文件对于本文件的应用是必不可少的。凡是注日期的引用文件，仅所注日期的版本适用于本文件。凡是不注日期的引用文件，其最新版本（包括所有的修改单）适用于本文件。

GB 16715.1 蔬菜作物种子 瓜类

GB 16715.3 蔬菜作物种子 茄果类

GB 16715.5 蔬菜作物种子 绿叶菜类

NY/T 5010 无公害农产品 种植业产地环境条件

DB13/T 453 无公害蔬菜生产 农药使用准则

DB13/T 454 无公害蔬菜生产 肥料施用准则

DB13/T 951 蔬菜设施类型的界定

三、产地环境

符合 NY/T 5010 的规定。

四、生产设施

符合 DB13/T 951 的塑料大拱棚、小拱棚的要求。

五、农药和肥料的使用

农药的使用应符合 DB13/T 453 的要求，肥料的施用应符合 DB13/T 454 的要求。

六、茬口安排

秋茬番茄。6月上旬育苗，7月上中旬定植，11月初拉秧。

深冬菠菜。11月上旬直播，翌年1月下旬至2月中旬为收获期。

春茬黄瓜。翌年1月中旬育苗，3月初定值，6月底拉秧。

七、番茄栽培管理技术

（一）品种选择。

选用抗病，耐热，优质、高产、商品性好的品种。如金鹏 11 号、欧盾、祥瑞、粉琪 298 等。种子质量符合 GB 16715.3 的要求。

（二）育苗

1. 穴盘育苗

按草炭：蛭石为 2 ：1 或草炭：蛭石：废菇料为 1 ：1 ：1 配置基质，每立方米基质加入 15 ：15 ：15 的氮、磷、钾三元复合肥 2 千克，结合加入 68% 精甲霜灵·代森锰锌可分散粒剂 100 克、2.5% 咯菌腈悬浮剂 100 毫升水解后喷拌基质，拌匀后装入穴盘中，码放在苗床内。

2. 种子处理

有 2 种方法，可任选其一。

①把干种子放入 70℃的恒温箱中，干热处理 12 小时（防病毒病、溃疡病）。

②将种子在 55℃温水中浸泡 10 ~ 15 分钟，不断搅拌使水温下降到 30℃时，继续浸泡 6 ~ 8 小时，再用清水洗净黏液后播种（防叶霉病、溃疡病、早疫病）。

3. 播种

6 月上旬在温室或大棚内采用防虫网、遮阳网保护法育苗。浇足底水，水渗后播种，播种深度 1 ~ 1.2 厘米。

4. 苗期管理

温度白天 25 ~ 28℃，夜间 15 ~ 18℃。视墒情适当浇水，保持湿润，定植前 7 天适当控制水分，培育壮苗。

5. 壮苗标准

株高 15 厘米左右，茎粗 0.4 厘米左右,4 叶一心,叶色浓绿,根系发达，无病虫害。

（三）定植前准备

1. 整理大棚

清除棚内前茬蔬菜的枯枝残叶及大棚周围杂草。同时清理好塑料大棚四周排灌沟。

2. 整地施肥

根据土壤肥力和上茬蔬菜的施肥量，亩施腐熟有机肥 5 000 千克、磷酸二铵 30 千克、硫酸钾 20 千克、生物菌肥 5 千克，深翻整地起垄。

3. 棚室消毒

定植前利用太阳能高温闷棚，即大棚施肥后中耕深翻、浇透水、用废旧棚膜盖严，晴天保持 15 d 闷棚。

（四）定植

7月上中旬定植，高垄栽培，垄高 15 厘米 ~ 25 厘米，一般采用大小行种植，大行行距 80 厘米、小行行距 40 厘米，株距 0.45 米 ~ 0.50 米，亩种植密度 2 200 株 ~ 2 500 株，下午 5：00 左右定植。座水栽苗，覆土不超过子叶。

（五）定植后管理

1. 温光管理

前期，高温、强光环境下用遮阳网遮盖，温度降至 28℃时，揭开遮阳网；后期，晚间温度低于 16℃时，及时加盖围裙膜，关闭放风口；白天温度超过 32℃时通风，夜间注意防寒保温。

2. 肥水管理

（1）追肥。秋茬番茄切忌施氮肥过多，追肥以复合肥为主。第一穗果长至核桃大小时，开始第一次追肥，追施（15-15-15）复合肥 15 ~ 20 千克，以后每形成一穗果追一次肥，一般追肥 3 ~ 4 次，后期随着气温降低，根系吸收能力弱，可叶面喷施 0.2% 磷酸二氢钾。

（2）浇水。定植 3 天后适度浇水，浇水时避开高温高湿天气。当第一穗果长至核桃大小，结合第一次追肥开始浇水，保持土壤润而不湿、不开裂、无渍水，以后随着气温的下降减少浇水次数。

3. 植株调整

采用单干整枝，及时去除侧枝。保留 4 ~ 5 穗果后打顶，第一穗果定个后，摘除下部老叶。

4. 保花保果

采用熊（蜜）蜂授粉，第一穗花开放时，将蜂箱置于棚室中部距地面 1 米左右的地方，一般每 500 ~ 667 平方米放一箱，蜂箱上面 20 ~ 30 厘米处搭遮阳篷。秋季栽培一箱蜂可用到授粉结束。

（六）病虫害防治

1. 主要病虫害

主要病害有病毒病、疫病、溃疡病等，主要虫害有蚜虫、粉虱、红蜘蛛。

2．防治方法

（1）物理防治

①挂黄板。每 20 平方米悬挂 25×30 厘米黄板一块，诱杀粉虱和蚜虫。

②设防虫网。大棚放风口处铺设规格为 40 目异型防虫网。

③趋避。用 10 厘米宽的银灰色地膜条，挂在棚室风口处及棚室内支架上驱避蚜虫。

（2）化学防治

①早、晚疫病。用 72% 霜脲·锰锌可湿性粉剂 400～600 倍液，或 72.2% 霜霉威盐酸盐水剂 800 倍液喷雾，药后应短时间闷棚升温抑菌。

②病毒病。苗期重点防治蚜虫，切断病毒传播途径，苗床消毒，出苗后 5 天喷一次吡虫啉，隔天亩用 20 毫升吗胍·乙酮喷雾一次，发病初期用 20% 盐酸吗啉胍铜 500 倍液喷施。

③溃疡病。每亩用硫酸铜 3 千克～4 千克撒施浇水处理土壤可有效预防溃疡病；发病时用 77% 氢氧化铜可湿性粉剂 500 倍液喷雾防治。

④蚜虫。10% 吡虫啉可湿性粉剂 1 500 倍液喷雾防治。

⑤红蜘蛛。1.8% 阿维菌素乳油 3 000 倍喷雾防治。

⑥粉虱。1.8% 阿维菌素乳油 3 000 倍液，或 10% 吡虫啉可湿性粉剂 1500 倍液喷雾防治。

（七）适时采收

果实自然转色成熟后，及时采收上市。

八、深冬菠菜

（一）品种选择

选用抗病，耐寒，优质、高产、商品性好的品种。如星火 65、日本板急、四季菠菜等。

（二）整地施肥

番茄拉秧后迅速整地施肥，每亩施入 5 000 千克优质腐熟有机肥、30 千克三元复合肥。

（三）种子处理

播种前一天用 30℃ 的水浸泡种子 12 小时左右，搓去黏液、捞出沥干。种子质量应符合 GB 16715.5 的要求。

（四）播种

11月上旬播种，亩用菠菜种子3～5千克。采用开沟播种，行距10～15厘米，沟深3～4厘米，顺沟撒籽，播后覆土2～3厘米，浇明水。

（五）播后管理

温度管理：白天保持15～20℃，夜间13～15℃。

肥水管理：出苗后到2～3片真叶时，一般不旱不浇水，3～4片真叶后，加大水肥管理，5～7天浇一水，结合浇水每亩追施尿素10～15千克，1月下旬至2月中旬根据市场行情及时收获。

（六）病虫害防治

1．主要病虫害

主要病害有霜霉病、病毒病，主要虫害有蚜虫、潜叶蝇。

2．防治方法

（1）物理防治。同七、（六）、2、（1）。

（2）化学防治。

①霜霉病：发病初期用250克／升的吡唑醚菌酯可湿性粉剂每亩20毫升喷雾防治。

②病毒病：发病初期用0.5%香菇多糖水剂喷雾防治。

③蚜虫：同七、（六）、2、2、（4）。

④潜叶蝇：1.8%阿维菌素乳油2000倍喷雾防治。

九、春茬黄瓜

（一）品种选择

选择优质、高产、抗病、抗逆性强的黄瓜品种。如冀美福星、津春3号等。

（二）育苗

1．营养土配制

将非瓜类地块园田土和充分腐熟的有机肥过筛，按腐熟鸡粪、园田土、草炭比例1∶1∶3配制营养土，为防治苗期病害，每立方米加入68%的精甲霜灵·代森锰锌可分散粒剂100克拌匀。

2．种子选择

符合GB 16715.1的要求。

3．浸种催芽

黄瓜种子放入 55 温水中浸泡 10 ~ 15 分钟，不断搅拌使水温下降到 30 ~ 35℃时，继续浸泡 4 小时后清水淘洗干净，沥去水分，用干净的湿布包好，在 28 ~ 30℃温度条件下催芽。

黑籽南瓜砧木放入 65 ~ 70℃温水中，不断搅拌，待水温下降到 30℃时，搓洗掉种皮上的黏液，再用 30℃温水浸泡 10 ~ 12 小时，用干净的湿布包好，在 25 ~ 30℃温度条件下催芽，

4．播种

当 70% 种子露白后选择晴天在温室内播种。用插接法嫁接的南瓜比黄瓜早播 3 天 ~ 4 天。

5．穴盘育苗

将配制好的营养土装入 50 孔或 72 孔穴盘中，充分浇水，水渗后撒一层过筛细潮土，将种子播于穴盘内，每穴 1 粒，上覆 1.5 厘米 厚细潮土，整齐码放在育苗床内。

6．苗期管理

播后苗床上覆盖薄膜。苗出土前苗床气温白天 25 ~ 30℃、夜间 16 ~ 20℃，地温 20 ~ 25℃；幼苗出土时，揭去床面薄膜，出苗后白天 25 ~ 28℃、夜间 15 ~ 18℃。苗期不旱不浇，如旱可在晴天中午洒水，严禁浇大水，浇水后注意放风排湿。苗期一般不追肥，后期可用 0.2% 磷酸二氢钾溶液进行叶面喷施，促进幼苗苗壮生长。

7．嫁接

黄瓜幼苗子叶展平、砧木幼苗第一片真叶初露时，采用顶芽插接法嫁接育苗。

8．嫁接后管理

嫁接后扣小拱棚遮阴，小拱棚内相对湿度为 100%，白天温度 30℃，夜间 18 ~ 20℃，嫁接后 3 天逐渐撒去遮阴物，白天温度 25 ~ 30℃，夜间 15 ~ 18℃，7 天后伤口愈合，不再遮阴。

9．壮苗标准

子叶完好，叶色浓绿，株高 10 ~ 13 厘米，茎粗 0.6 ~ 0.7 厘米，4 叶 1 心，苗龄 30 ~ 40 天，根系发达，无病虫害。

（三）定植前准备

1. 整地施肥

结合整地每亩施优质腐熟有机肥 5 000 千克以上，氮、磷、钾三元复合肥 50 千克，然后深翻土地 30 厘米。采用膜下滴灌，耕翻后的土地平整后起垄，垄宽 60 厘米、垄高 6 ~ 10 厘米、垄与垄之间 90 厘米，用小锄在垄边开小沟、覆膜。

2. 定植前棚室消毒

定植前 7 ~ 10 天，每立方米用 25％百菌清 1 克、锯末 8 克混匀，点燃熏烟消毒，密闭棚室一昼夜，经放风无味时再定植。

（四）定植

3 月初选晴天上午三膜（地膜、小拱棚、大棚）定植，每垄两行，在膜上按 30 ~ 35 厘米挖穴，每亩定植 2 500 ~ 3 000 株。

（五）田间管理

温度：定植 7 ~ 10 天后根据天气情况及时锄划松土、促增地温，缓苗期白天 25 ~ 28℃，夜间 13 ~ 15℃为宜。初花期白天超过 30℃放风，午后降到 20℃关闭风口。结果期白天保持 25 ~ 28℃，夜间 15 ~ 17℃。

光照：采用透光性好的功能膜，保持膜面清洁。定植后 15 ~ 20 天及时去掉二膜。

水肥：定植后及时浇水，根瓜坐住以前，一般不旱不浇，如旱可浇少量水，坐住瓜后增加浇水次数。结合浇水每 7 ~ 10 天亩冲施一次 N、P、K 三元水溶肥 5 ~ 10 千克。拉秧前 10 ~ 15 天停止浇水施肥。

植株调整：当植株高 25 ~ 30 厘米，拉绳绕蔓；根瓜及时采摘；去掉下部黄化老叶，病叶，病瓜。

（六）病虫害防治

1. 主要病虫害

主要病害有霜霉病、细菌性斑点病、灰霉病、白粉病，主要虫害有粉虱、蚜虫、斑潜蝇。

2. 防治方法

（1）物理防治。同七、（六）、2、（1）。

（2）化学防治。

①霜霉病：每亩用 5% 百菌清粉尘 1 千克喷粉，7 天喷一次；或 72% 霜脲·锰锌可湿性粉剂 400～600 倍液、72.2% 霜霉威盐酸盐水剂 800 倍液喷雾，药后短时间闷棚升温抑菌。

②细菌性斑点病：77% 氢氧化铜 2 000 倍液或 72% 农用硫酸链霉素可溶性粉剂 4 000 倍液喷雾。

③灰霉病：50% 腐霉利可湿性粉剂 1 500 倍液喷雾。

④白粉病：25% 的三唑酮可湿性粉剂 2 000 倍波喷雾。

⑤粉虱：同七、（六）、2、（2）⑥。

⑥斑潜蝇：1.8% 阿维菌素乳油 3 000 倍液喷雾。

⑦蚜虫：同七、（六）、2、（2）④。

B31

DB1301

石 家 庄 地 方 标 准

DB1301/T254—2017

大棚春茬西瓜套种甜瓜—秋茬番茄
栽培技术规程

石家庄市质量技术监督局 发布

吹响现代农业发展的号角

前　言

本标准按照 GB/T 1.1 — 2009 给出的规则起草。

本标准由石家庄市藁城区质量技术监督局提出。

本标准起草单位：石家庄市藁城区农业高科技园区。

本标准主要起草人：李兰功、王艳霞、武彦荣、马书昌、李翠霞、陶秀娜、郭晓慧、何煦、张敬敬、王会娟、许刚、李光。

大棚春茬西瓜套种甜瓜—秋茬番茄栽培技术规程

一、范围

本标准规定了大棚春茬西瓜套种甜瓜—秋茬番茄栽培的产地环境、茬口安排、设施类型、品种选择和生产管理要求。

本标准适用于大棚春茬西瓜套种甜瓜—秋茬番茄生产。

二、规范性引用文件

下列文件对于本文件的应用是必不可少的。凡是注日期的引用文件，仅所注日期的版本适用于本文件。凡是不注日期的引用文件，其最新版本（包括所有的修改单）适用于本文件。

GB 16715.1 蔬菜作物种子 瓜类

GB 16715.3 蔬菜作物种子 茄果类

NY/T 5010 无公害农产品 种植业产地环境条件

DB13/T 453 无公害蔬菜生产 农药使用准则

DB13/T 454 无公害蔬菜生产 肥料施用准则

DB13/T 1649 早春西瓜嫁接育苗技术规程

DB13/T 2453 棚室西瓜蜜蜂授粉技术规程

三、产地环境

符合 NY/T 5010 的规定。

四、生产设施

大棚为水泥立柱、竹竿结构，一般棚长 200 米左右，跨度 12 米或三连栋、四连栋大棚，中柱高 2.5 米，边柱高 1.8 米，适宜进行春季西甜瓜—秋季甜瓜或春季西甜瓜—秋季蔬菜 2 ~ 4 茬种植。

五、农药和肥料的使用

农药的使用应符合 DB13/T 453 的要求，肥料的施用应符合 DB13/T 454 的要求。

六、茬口安排

（一）西瓜

1 月中旬嫁接育苗，3 月上中旬定植，5 月中下旬收获。

（二）甜瓜

吹响现代农业发展的号角

202

2月下旬嫁接育苗，4月中旬定植，7月上旬采收拉秧。

（三）番茄

6月上旬育苗，7月中旬定植，9月中旬采收，11月中下旬拉秧。

七、西瓜栽培管理技术

（一）品种选择

选择耐低温弱光、早熟、优质、抗病的品种，如星研四号、胜欣等。种子质量符合 GB 16715.1 的要求。

（二）育苗

1．育苗时间

1月中旬日光温室嫁接育苗。

2．育苗技术

按 DB13/T 1649 的要求操作。

（三）定植前准备

1．清洁田园

清除前茬作物的残枝烂叶及病虫残体。

2．棚室消毒

在定植前 7 ～ 10 天，每亩用 20% 百菌清烟剂 250 克 ～ 400 克熏棚。一般在晚上进行，熏烟密闭 24 小时。

3．整地施肥

冬前深翻晒垡，结合整地施足基肥，以腐熟农家肥为主，亩施腐熟有机肥 2 000 ～ 3 000 千克，生物有机肥 15 千克，磷酸二铵 25 ～ 30 千克，硫酸钾 10 千克，硼砂 1 千克作底肥。底肥 2/3 撒施、1/3 沟施，按 2.8 ～ 3.0 米行距开沟，沟宽 60 ～ 70 厘米，沟深 30 ～ 35 厘米，小高垄栽培，垄宽 50 ～ 60 厘米，垄高 10 ～ 15 厘米。

（四）定植

1．定植时间

当棚内 10 厘米地温稳定在 12℃ 以上即可定植。定植前 15 天扣好大棚，采用四膜覆盖（地膜、小拱棚、双层大棚膜）栽培的，一般 3 月上中旬定植。

2．定植密度

定植株距 0.3 ～ 0.33 米，行距 3.0 ～ 2.8 米，亩种植 700 ～ 800 株。

3．定植方法

定植前 5 ~ 7 天顺沟浇水，造足底墒。定植前 2 ~ 3 天瓜畦上覆盖地膜，定植后瓜田全部覆盖地膜，并盖好小拱棚。定植 20 ~ 25 天后视天气情况及时撤去小拱棚。定植时要保证幼苗根坨完整，嫁接口应高出畦面 1 ~ 2 厘米。

（五）定植后管理

1. 温度

定植后 5 天 ~ 7 天闷棚缓苗，超过 38 ℃时放风降温，心叶变绿结束缓苗；棚内气温白天保持在 25 ~ 30 ℃，超过 35 ℃时放风，夜间保持在 15 ~ 20 ℃；结瓜期棚内白天气温控制在 28 ~ 33℃，夜间温度不低于 18 ℃。

2. 湿度

定植后一周内，每天上午 10:00 — 11:00 放风换气降湿，在晴暖天气，放风口适当早开、晚闭，棚内空气湿度以 60% ~ 70%为宜。生长前期棚内温度较低，通风换气应在中午进行，中后期通风时间长短、风口大小应视天气状况而定。

3. 水肥

缓苗后，视苗情和墒情浇缓苗水。授粉前浇 1 次水，亩随水冲施三元复合肥 3 ~ 5 千克，授粉期间一般不浇水。定瓜后，瓜直径 10 ~ 12 厘米时，浇 1 次膨瓜水，亩冲施三元复合肥 5 ~ 8 千克；当瓜直径 15 厘米左右时，浇 1 次大水，亩施硫酸钾 5 ~ 10 千克，果实定个后适当控制浇水以提高品质。果实膨大期可喷施高钾叶面肥或 0.2%的磷酸二氢钾 2 ~ 3 次。采收前 7 ~ 10 天停止浇水。

4. 整枝打杈

采用双蔓和三蔓整枝，主蔓第二个至第三个雌花留瓜。

5. 授粉

采取蜜蜂授粉或人工授粉方法。蜜蜂授粉按照 DB13/T 2453 执行；人工授粉一般上午 9:00 — 11:00 进行。

6. 定瓜

瓜直径 5 ~ 10 厘米时，每株选留瓜胎周正、无病虫危害的瓜 1 个（小果型可留多果）。

（六）病虫害防治

1. 主要病虫害

主要病害有炭疽病、蔓枯病等，主要虫害有蚜虫、粉虱等。

2. 物理防治

（1）挂黄板

每 20 平方米悬挂 25 × 30 厘米黄板一块，诱杀粉虱和蚜虫。

（2）设防虫网

大棚放风口处铺设 40 目异型防虫网。

（3）趋避

覆盖银灰色地膜驱避蚜虫。

3. 化学防治

（1）蔓枯病。用 75% 甲基硫菌灵 800 ~ 1 000 倍液，或 75% 百菌清可湿性粉剂 600 倍液喷施。

（2）炭疽病。发病初期及时摘除病叶，药剂可选用 75% 百菌清可湿性粉剂 800 倍液，或 80% 炭疽福美可湿性粉剂 800 倍液，或 2% 武夷菌素水剂 200 倍液喷施。

（3）粉虱。用 25% 噻虫嗪水分散粒剂 2 000 ~ 3 000 倍液喷施。

（4）蚜虫。用 10% 吡虫啉可湿性粉剂 1 000 倍液喷施。

（七）采收

开花后 35 ~ 40 天开始采收，采收时间 10:00 — 14:00 为最宜。采收时将果柄从基部剪断，每个果保留一段绿色的果柄，雨天不宜采收。

八、甜瓜栽培管理技术

（一）品种选择

选用抗病，抗逆性强，优质、高产、商品性好的品种，如薄皮甜瓜品种可选择红城十号、中华绿宝等；厚皮甜瓜品种可选择久红瑞、西州蜜 25 号等。种子质量符合 GB 16715.1 的要求。

（二）育苗

1. 浸种催芽

甜瓜种子首先用凉水预浸种去除杂质，再用 50 ~ 55℃ 的温水浸种，边倒水边搅拌，水量是种子量的 4 ~ 5 倍，搅拌至水温降至 30℃ 时浸种 3 ~ 4 小时，洗净种子表面黏液。将浸泡后的甜瓜种子用干净纱布包好置于 28 ~ 32℃ 条件下催芽。

南瓜砧木用40%福尔马林100倍液浸种0.5小时，或50%多菌灵500～600倍液浸种1小时，清水洗净再浸种4～6小时，置于25～30℃的条件下催芽。80%种子出芽时播种。

2. 播种

在2月下旬选晴天上午播种，将催好芽的种子播于穴盘中，播种深度1～1.5厘米，淋透水后，苗床覆盖地膜。靠接法甜瓜种子比砧木种子早播3～4天；插接法甜瓜种子比砧木种子晚播5～7天。

3. 嫁接

采用靠接或插接法进行嫁接。插接法嫁接后立即覆地膜进行保温保湿1～3天，白天温度28～30℃，夜间23～25℃，逐步降温；一般养护6～10天后去掉地膜。采用靠接法，靠接后不用覆膜，水分管理原则是"干不萎蔫，湿不积水"。

（三）定植

4月中旬在水泥立柱行定植甜瓜，每2个立柱之间种植4株。

（四）田间管理

当植株长至25～30厘米时，及时吊蔓，采用单蔓整枝；雌花开放时进行熊蜂授粉；薄皮甜瓜第7～12节位留瓜，每株选留2～3个果型周正的瓜；厚皮甜瓜第8～13节位留瓜，每株选留1个果型周正的瓜。当瓜长至核桃大小时，随水亩追施氮肥(纯N)2千克，第二茬瓜坐住后再追施氮肥(纯N)2千克，钾肥(纯K)1.8千克。

（五）病虫害防治

1. 主要病虫害

主要病害有霜霉病、白粉病等，主要虫害有蚜虫、粉虱等。

2. 物理防治

按照七、（六）、2执行。

3. 化学防治

（1）霜霉病。68%精甲霜·锰锌500倍液连喷2次～3次，每次间隔3天～5天。或75%百菌清可湿性粉剂600倍液喷雾。

（2）白粉病。40%氟硅唑30～50毫升兑水喷雾。7天喷1次，连续喷2～3次。

（3）粉虱。同七、（六）、3、（3）

（4）蚜虫。同七、（六）、3、（4）

九、番茄栽培管理技术

（一）品种选择

选用抗病，耐热，优质、高产、商品性好的品种，如金棚 11 号、金棚 14 号、欧盾、抗热至尊、粉琪 298 等，种子质量符合 GB 16715.3 的规定。

（二）育苗

1. 穴盘育苗

按草炭：蛭石为 2：1 或草炭：蛭石：废菇料为 1：1：1 配置基质，每立方米基质加入 15：15：15 的氮、磷、钾三元复合肥 2 千克，结合加入 68% 精甲霜灵·代森锰锌可分散粒剂 100 克、2.5% 咯菌腈悬浮剂 100 毫升水解后喷拌基质，拌匀后装入穴盘中，码放在苗床内。

2. 种子处理

有两种方法，可任选其一。

（1）把干种子放入 70℃ 的恒温箱中，干热处理 12 小时（防病毒病、溃疡病）。

（2）将种子在 55℃ 温水中浸泡 10～15 分钟，不断搅拌使水温下降到 30℃ 时，继续浸泡 6～8 小时，再用清水洗净粘液后播种（防叶霉病、溃疡病、早疫病）。

3. 播种

6 月上旬在温室或大棚内采用防虫网、遮阳网保护法育苗。浇足底水，水渗后播种，播种深度 1～1.2 厘米。

4. 管理

温度白天 25～28℃，夜间 15～18℃。视墒情适当浇水，保持湿润，定植前 7 天适当控制水分。

5. 壮苗标准

株高 15 厘米左右，茎粗 0.4 厘米左右，4 叶一心，叶色浓绿，根系发达，无病虫害。

（三）定植前准备

1. 整理大棚

清除棚内前茬蔬菜的枯枝残叶及大棚周围杂草，同时清理好塑料大棚四周排灌沟。

2. 整地施肥

根据土壤肥力和上茬蔬菜的施肥量，亩施腐熟有机肥 5 000 千克、磷酸二铵 30 千克、硫酸钾 20 千克、生物菌肥 5 千克，深翻整地。

3. 高温闷棚

定植前利用太阳能高温闷棚，即大棚施肥后中耕深翻、浇透水、用废旧棚膜盖严，密闭大棚，晴天保持 15 天闷棚。

（四）定植

7 月中旬定植，高垄栽培，垄高 15 厘米～25 厘米，一般采用大小行种植，大行行距 80 厘米、小行行距 40 厘米，株距 0.45 米～0.50 米，亩种植密度 2 200 株～2 500 株。下午 5 点左右定植，座水栽苗，覆土不超过子叶。

（五）定植后管理

1. 温光管理

前期，高温、强光环境下用遮阳网遮盖，温度降至 28℃时，揭开遮阳网；后期，晚间温度低于 16℃时，及时加盖围裙膜，关闭放风口；白天温度超过 32℃时通风，夜间注意防寒保温。

2. 肥水管理

（1）追肥

秋茬番茄切忌施氮肥过多，追肥以复合肥为主。第一穗果长至核桃大小时，开始第一次追肥，追施（15-15-15）复合肥 15～20 千克，以后每形成一穗果追 1 次肥，一般追肥 3～4 次，后期随着气温降低，根系吸收能力弱，可叶面喷施 0.2% 磷酸二氢钾。

（2）浇水

定植 3 天后适度浇水，浇水时避开高温高湿天气。当第一穗果核桃大小时，结合第一次追肥开始浇水，保持土壤润而不湿、不开裂、无渍水，随着气温的下降减少浇水次数。

3. 植株调整

单干整枝，及时去除侧枝。保留 4 ～ 5 穗果后打顶，第一穗果定个后，摘除下部老叶。

4. 保花保果

采用雄（蜜）蜂授粉，第一穗花开放时，将蜂箱置于棚室中部距地面 1 米左右的地方，一般每 500 ～ 667 平方米放一箱，蜂箱上面 20 ～ 30 厘米处搭遮阳篷。秋季栽培一箱蜂可用到授粉结束。

（六）病虫害防治

1. 主要病虫害

主要病害有病毒病、疫病、溃疡病等，主要虫害有蚜虫、粉虱、红蜘蛛。

2. 物理防治

（1）挂黄板。同七、（六）、2、（1）

（2）设防虫网。同七、（六）、2、（2）

（3）趋避。用 10 厘米宽的银灰色地膜条，挂在棚室风口处及棚室内支架上驱避蚜虫。

3. 化学防治

（1）早、晚疫病。用 72% 霜脲·锰锌可湿性粉剂 400 ～ 600 倍液，或 72.2% 霜霉威盐酸盐水剂 800 倍液喷雾，药后短时间闷棚升温抑菌。

（2）病毒病。苗期重点防治蚜虫，切断病毒传播途径，苗床消毒，出苗后 5 天喷 1 次吡虫啉，隔天亩用 20ml 吗胍·乙铜喷雾 1 次，发病初期用 20% 盐酸吗啉胍铜 500 倍液喷施。

（3）溃疡病。每亩用硫酸铜 3 ～ 4 千克撒施浇水处理土壤可有效预防溃疡病；发病时用 77% 氢氧化铜可湿性粉剂 500 倍液喷雾防治。

（4）粉虱。同七、（六）、3、（3）。

（5）蚜虫。同七、（六）、3、（4）。

（6）红蜘蛛。1.8% 阿维菌素 3 000 倍喷雾防治。

（七）采收。

果实自然转色成熟后，及时采收上市。

ICS 65.020.01
B05

DB1301

石 家 庄 地 方 标 准

DB1301/T255—2017

小拱棚春秋茬散花菜栽培技术规程

石家庄市质量技术监督局 发布

前　言

本标准按照 GB/T 1.1 — 2009 给出的规则起草。

本标准由石家庄市藁城区质量技术监督局提出。

本标准起草单位：石家庄市藁城区农业高科技园区。

本标准主要起草人：马书昌、李兰功、王艳霞、武彦荣、郝国法、路贵华、李翠霞、王会娟、王成龙、李佳珈。

小拱棚春秋两茬散花菜栽培技术规程

一、范围

本标准规定了小拱棚春秋两茬散花菜栽培技术规程的产地环境、茬口安排、品种选择和生产管理要求。

本标准适用于3年内未种过十字花科作物的小拱棚春秋两茬散花菜生产。

二、规范性引用文件

下列文件对于本文件的应用是必不可少的。凡是注日期的引用文件，仅所注日期的版本适用于本文件。凡是不注日期的引用文件，其最新版本（包括所有的修改单）适用于本文件。

GB 16715.4 瓜菜作物种子 甘蓝类

NY/T 5010 无公害农产品 种植业产地环境条件

DB13/T 951 蔬菜设施类型的界定

DB13/T 453 无公害蔬菜生产 农药使用准则

DB13/T 454 无公害蔬菜生产 肥料施用准则

三、产地环境

符合 NY/T 5010 的规定。

四、生产设施

应符合 DB13/T 951 规定的塑料小拱棚的要求。

五、农药和肥料的使用

农药的使用应符合 DB13/T 453 的要求，肥料的施用应符合 DB13/T 454 的要求。

六、茬口安排

（一）春茬散花菜

1月下旬育苗，3月5—15日（惊蛰到春分之间）定植，5月上旬收获。

（二）秋茬散花菜

7月上旬育苗，8月上旬定植，11月上旬采收。

七、春茬散花菜栽培技术

（一）品种选择

选用抗逆性强，优质、高产、商品性好的早熟品种。如青松70、劲松

75、九源 65 等。种子质量符合 GB 16715.4 的要求。

（二）集约化穴盘育苗

1 月下旬，在日光温室内用 72 穴穴盘育苗，苗龄 40 ~ 45 天。穴盘育苗一般选用商品基质，播前把基质装入穴盘，抹平播种。播种深度 1.0 ~ 1.5 厘米，播后覆盖消毒蛭石，淋透水，苗床覆盖地膜。定植前 7 天控水炼苗；起苗前一天浇透水。

（三）整地施肥

定植前 10 天 ~ 15 天提前上粪整地，亩施生物有机肥 1 000 ~ 1 500 千克，三元复合肥（15-15-15）50 千克，硼砂 0.5 千克，硫酸锌 2 千克。

（四）定植

3 月 5 — 15 日定植，定植前机械铺设滴灌和地膜。定植密度：行距 55 ~ 60 厘米，株距 45 ~ 50 厘米，每亩定植 2 200 ~ 2 500 株。使用定植开孔器打孔，随后定植，每个小拱棚内 2 ~ 3 行，浇小水，扣小拱棚。

（五）定植后管理

1. 温度管理

叶丛生长与抽薹开花的适宜温度 20 ~ 25℃。花球形成要求的适宜温度 17 ~ 18℃。定植后要密封小拱棚，棚内温度高于 28 ℃时逐渐通风，外界气温高于 10℃时撤掉小拱棚。

2. 肥料管理

定植后、莲座叶形成初期、莲座叶形成后期、现蕾时各追肥 1 次，每亩追施 48% 的三元复合肥 10 ~ 15 千克，共 3 次 ~ 4 次，同时，配合施用镁、硼、钼等中微量元素肥料。产品收获前 20 天内不得施用任何化肥。

3. 水分管理

定植后，每隔 3 天浇 1 小水，待缓苗后，可视旱涝情况每隔 5 ~ 7 天浇一水。

4. 束叶护花

花球长至拳头大小时，将靠近花球的 4 ~ 5 张互生大叶就势拉拢互叠而不折断，再用塑料绳、皮筋或小竹签、小柴杆等作为固定连接物，穿刺互叠叶梢固定，呈灯笼状罩住整个花球，避免花球遭阳光直射，并留有花球足够的发育膨大空间。生长中后期防止花球接触杀虫剂，以防花球产生红绿毛花。

（六）病虫害防治

1．主要病虫害

主要病害有立枯病、软腐病、霜霉病、黑腐病等，主要虫害有蚜虫、小菜蛾、夜蛾、粉虱等。

2．防治方法

（1）物理防治。

①黑光灯或糖醋液诱杀：利用黑光灯或糖醋液诱杀夜蛾成虫。按酒：水：糖：醋为1：2：3：4的比例配制糖醋液，放入盆中，傍晚放于田间，盆高于植株，诱杀夜蛾成虫。

②趋避：铺设银灰色地膜驱避蚜虫。

（2）化学防治

①立枯病：定植初期用99％噁霉灵可湿性粉剂2 000倍和72％霜霉威盐酸盐水剂800倍混合液灌根。

②软腐病：用72％农用链霉素可溶性粉剂1 000 ～ 3 000倍液喷施。

③霜霉病：用72％霜脲·锰锌可湿性粉剂400 ～ 600倍液喷施。

④黑腐病：发病初期用72％农用链霉素3 000倍液或47％春雷·王铜800倍液喷施。

⑤蚜虫：用10％吡虫啉可湿性粉剂1500倍液喷雾。

⑥小菜蛾：用1.8％阿维菌素乳油1 000 ～ 1 500倍液喷雾。

⑦粉虱：用1.8％阿维菌素乳油3 000倍液或用10％吡虫啉可湿性粉剂1 500倍液喷雾。

（七）适时采收：

松花菜以花球边缘将要松散或开始松散时为采收适期，留3 ～ 5片小叶保护花球。也可根据市场需求适当提前或延后采收。

八、秋茬散花菜栽培技术

（一）品种选择

选用抗病，耐热，优质、高产、商品性好的品种。如庆农65、庆美65、九源65等。

（二）育苗

7月上旬在温室内遮阴集约化育苗，选择3 ～ 4片叶，苗龄25 ～ 30天的壮苗。

（三）定植及注意事项

8月上旬定植，定植时应注意3点：一是浅栽；二是下午栽苗；三是水要跟上，预防死苗。

（四）定植后田间管理

定植后5～7天后浇缓苗水后，前期以氮肥为主，亩追施三元复合肥15～20千克，中后期以高钾肥为主。根据天气情况，植株长势及时浇水，保持地面见湿见干。

（五）病虫害防治

1. 主要病虫害

主要病害有黑斑病、黑腐病等，主要虫害有蚜虫、粉虱、菜青虫等。

2. 防治方法

（1）物理防治

同七、（六）、2、（1）。

（2）化学防治

①黑斑病。发病初期用75%百菌清可湿性粉剂500倍液喷施。

②黑腐病。同七、（六）、2、（2）④。

③蚜虫。同七、（六）、2、（2）⑤。

④粉虱。同七、（六）、2、（2）⑦。

⑤菜青虫。用苏云金杆菌（Bt）乳剂2 000倍液或用10%吡虫啉可湿性粉剂1 000倍液喷施。

（六）适时采收

同七、（七）。

藁城区农业专利技术研发说明

　　自 2015 年以来，石家庄市藁城区农业高科技园区针对设施蔬菜生产环节中人工成本占总收入的 50% 以上，人工成本逐年增加导致部分蔬菜重点产区的利润很低而无法良性发展；设施空间狭小，机械作业难度较大；专用农机具研发滞后，劳动强度大，生产效率低，生产成本高；设施小环境气候恶劣，温度、湿度等环境调控的实现凭感觉，难把握，精确性差，可控性低等制约生产发展的关键问题。以园区为研发试验场地，联合河北高工工具有限公司、石家庄巍矗农业机械有限公司、河北省农林科学院经济作物研究所等单位，以省力、轻简、高效为目标，共同研发了小拱棚、水肥一体化自动控制灌溉机、电动运输车等棚室设施、施药、浇水、施肥、运输等劳动力密集使用环节的机械化设备，截止目前累计获专利 14 项，实现了关键环节机械化替代人工作业，降低劳动强度，节省用工，尤其适合设施蔬菜重点产区推广应用。

地膜打孔装置

定植打孔器

固定双把

固定双把外

吹响现代农业发展的号角

双膜大棚

双向平板

双向行驶

无人驾驶

水肥一体化控制

灌溉机

压膜线紧线机

微喷带卷收机

微喷带撑口钳

无人驾驶多用运输车

立马好小拱棚